AF456869

MÉMOIRE

SUR

LES BLÉS, LES CÉRÉALES

ET LEUR CONSERVATION,

LES APPROVISIONNEMENTS

ET

GRENIERS DE RÉSERVE, LES FARINES ET LA PANIFICATION,

LE CRÉDIT AGRICOLE.

UNE SOLUTION.

Par P. GOSSET.

SE TROUVE:

AU SECRÉTARIAT DE L'INSTITUT DE L'INDUSTRIE,

Passage Jouffroy, n° 48,

Et chez l'Auteur, 8, faubourg Poissonnière.

PARIS, 20 SEPTEMBRE 1850.

A Monsieur le Ministre de l'agriculture et du commerce.

Paris, le 20 septembre 1850.

Monsieur le Ministre,

Le 28 octobre dernier, M. Lanjuinais, alors ministre de l'agriculture et du commerce, acceptait le renvoi à son ministère de deux pétitions relatives à la boulangerie et aux grains, après qu'elles eurent donné lieu à une discussion bien approfondie à l'Assemblée législative, et il promettait *solennellement* de s'occuper immédiatement et sérieusement de l'examen de ces questions.

En effet, dès le 29, c'est-à-dire le lendemain, M. le ministre avait donné à sa promesse un commencement d'exécution par un ordre *libéral* adressé à la préfecture de police.

Mais le surlendemain, le 30 octobre, M. Lanjuinais n'était plus ministre, et vous lui aviez succédé.

Votre premier acte fut de détruire ce qu'avait commencé M. Lanjuinais, en révoquant son ordre.

Sans doute on devait croire que vous vouliez, avant tout, élucider la question, vous en pénétrer, afin de la suivre avec fruit et répondre au vœu exprimé par l'Assemblée.

Mais depuis, tout est resté à l'état de néant.

Vous avez, il est vrai, fait nommer des commissions par les deux préfectures de police et de la Seine, et de plus vous avez saisi le Conseil d'État d'une notice, afin que ces questions fussent examinées; mais les commissions n'ont pas fonctionné; elles n'ont pas eu de réunions et elles ne délibéreront pas. C'est un parti pris.

De son côté, le Conseil d'État croit qu'il n'est pas de sa dignité de statuer sur un point soumis à l'examen de conseils inférieurs, avant que ces conseils aient fait connaître leur avis : et il attend.

De sorte que, monsieur le Ministre, il semble que vous ayez mis en avant une machine qui ne peut trouver son mouvement, et qui cependant abrite votre responsabilité.

Je ne pense pas que cet état de choses soit normal, de plus je suis convaincu qu'il compromet gravement les intérêts généraux.

J'ai eu l'honneur de vous le faire remarquer lorsque vous avez bien voulu m'accorder deux audiences.

J'ai pris la liberté de vous adresser sur ces questions des considérations fort importantes; je vous ai fait une demande à laquelle vous avez répondu par un simple accusé de réception, me disant que rien ne pouvait être statué avant que les commissions eussent fait leur travail.

Voilà donc tout ajourné indéfiniment.

Cependant je suis convaincu que telle n'est pas votre intention et que vous voulez une solution.

Dans cette persuasion, je crois remplir un devoir en vous adressant un travail, un résumé de tout ce qui se rattache aux questions que vous avez soulevées, et je viens vous prier de vouloir bien vous en faire rendre compte et de m'en accuser après réception.

J'ai donné à ce travail beaucoup de temps, beaucoup de sacrifices, et je désire ne pas échouer devant le seuil de votre cabinet; je désire vivement y pénétrer, causer avec vous sur les points que je traite avec conviction, et avoir l'avis du gouvernement que vous représentez.

Je ne suis ni flatteur, ni solliciteur; je n'attends rien de la faveur, et, soyez-en convaincu, monsieur le Ministre, je ne serai point importun, et je me retirerai tout aussitôt que vous m'aurez démontré que j'ai mal traité la question et qu'il n'y a rien à prendre dans mes idées.

J'ai l'honneur d'être, monsieur le Ministre, votre très-humble serviteur,

Paul GOSSET,

8, faubourg Poissonnière.

A Monsieur le Préfet de la Seine.

Paris, 20 septembre 1850.

Monsieur le Préfet,

J'ai pensé et je pense encore que tout ce qui se rattache à l'économie domestique était utile et sérieux à examiner, et que surtout une amélioration dans la production du pain serait un point capital sur lequel il serait bon d'appeler l'attention des autorités qui administrent la ville de Paris et qui accordent à la distribution du pain des sommes considérables.

Après avoir été amené à raisonner ce point économique et l'avoir résolu par démonstrations, j'ai désiré vous en entretenir, et j'ai sollicité de vous une audience, ayant eu soin de recommander mon travail à monsieur votre secrétaire, afin que vous connussiez à l'avance l'objet de ma démarche.

Au bout de plusieurs mois, j'ai été admis à l'honneur de paraître devant vous, et aux premières paroles qnc je vous ai adressées, j'ai vu que vous ne saviez rien de ce qui m'amenait, et j'ai tâché de vous soumettre mes idées.

Mais vous m'avez rudement interrompu, éconduit, me disant que la ville avait des dettes et ses pauvres, et qu'elle ne pouvait rien pour moi.

Cependant j'avais à vous dire que je venais vous offrir le moyen de réduire les charges de la ville et de rendre ses aumônes moins coûteuses; mais, ne pouvant être écouté, j'ai dû me retirer assez confus et fort attristé de ce mode de réception.

Aujourd'hui, monsieur le Préfet, je suis encore amené par

les mêmes raisons et convictions à solliciter de vous la faveur d'une audience, et je vous adresse un travail ou projet qui ne peut avoir de solution que par la généreuse intervention du conseil municipal.

Je crois que lorsque vous vous serez fait rendre compte de mon travail, vous croirez utile d'en saisir le conseil et de lui en demander un rapport, ce qui est, quant à présent, l'objet de tous mes vœux.

Je vous prie, monsieur le Préfet, de vouloir bien m'accuser réception de mon travail, jusqu'à ce que vous puissiez m'en dire davantage.

J'ai l'honneur d'être, monsieur le Préfet,
votre très-humble serviteur,

Paul GOSSET,

8, faubourg Poissonnière.

MÉMOIRE

SUR

LES BLÉS, LES CÉRÉALES ET LEUR CONSERVATION,

LES APPROVISIONNEMENTS ET GRENIERS DE RÉSERVE,

LES FARINES ET LA PANIFICATION,

LE CRÉDIT AGRICOLE.

UNE SOLUTION.

PREMIÈRE PARTIE.

La Providence veille sur la France, car elle a permis qu'à la mauvaise récolte de l'année 1846, succédassent plusieurs moissons abondantes et riches.

Dieu protége la France, puisqu'il a voulu que pendant nos années d'agitations, de troubles et de misères, nous puissions nous nourrir à bon marché par l'abondance des aliments de première nécessité.

Mais devons-nous toujours compter sur ces bienfaits, sur la bonté de notre climat, sur sa générosité, et rester éternellement indifférents aux soins de notre avenir? Les pluies torrentielles qui en quelques jours viennent de compromettre une partie de notre récolte et nous enlever des richesses précieuses, ne semblent-elles pas nous avertir que nous avons toujours à craindre?

L'augmentation considérable survenue *tout à coup* sur ce qui nous reste en *blés et farines* ne nous démontre-telle pas que toujours l'*exagération*, la *spéculation*, le *jeu*, ces fléaux de l'humanité qui se reproduisent à chaque période de crises, sont là pour peser sur nos misères et nous faire payer chèrement notre indifférence, notre imprévoyance.

Avons-nous si tôt pu oublier 1846-1847 et ses tristes conséquences?

Cependant nous n'avons rien prévu : nous n'avons pas le plus petit grenier de réserves, aucune mesure nouvelle qui puisse nous garantir et nous protéger.

Qu'un cri d'alarme se fasse entendre, que quelques habiles organisent une disette..., et à l'instant même toutes nos provisions, nos ressources éparses sont séquestrées, absorbées; partout le vide se fait, la peur gagne; chacun retient ou enlève ce qu'il peut, les marchés sont dégarnis, les prix augmentent, doublent, triplent.

Et alors que la spéculation a atteint son apogée, alors que la misère a exercé de grands ravages, la position change : le plein succède au vide; c'est un autre système : les approvisionnements reparaissent, les prix baissent, et il y a presque abondance, alors que l'on se croyait en pleine disette.

Celui qui s'est cru le plus sage parce qu'il a amassé des approvisionnements pour sa famille, a été imprudent, car il a payé cher des provisions qui n'ont pas la *vertu de se conserver*, qui se détériorent et se gâtent.

Le petit spéculateur, le crédule capitaliste, le boulanger avide, qui se sont lancés dans des achats réels, dans des marchés à terme, dans des paris, et qui ont suivi de trop loin le mouvement, sont renversés et ruinés.

Les blés et les farines qu'à grands frais on a fait venir de l'étranger, qui ont été vendus dix, vingt fois avant de toucher la France, arrivent trop tard, et alors qu'il y a dépréciation; ils restent entassés dans nos ports de mer. Les blés sont fatigués par le voyage et deviennent promptement germés et avariés; les farines sont altérées, parce qu'elles ont été humides et ensuite desséchées. Il y a perte sur le prix, perte énorme sur la qualité, et danger de consommer.

Cependant le tout s'écoule insensiblement et trouve son emploi dans ce gouffre toujours béant, *la consommation*. Mais laquelle? Ce n'est pas celle de l'homme aisé; c'est celle du malheureux consommateur peu aisé, qui ne peut atteindre le pain de fantaisie; c'est le soldat auquel la France donne encore en échange de son sang qu'il lui sacrifie, un pain d'une qualité déplorable, et pour lequel le plus souvent on emploie, *par ruse*, les qualités de graines et de farines les plus inférieures.

Que l'on s'étonne maintenant si nous voyons si souvent apparaître des épidémies, des désorganisations de santé.

Tel est pourtant le véritable historique de la triste année de disette de 1846-47; telle serait encore notre situation, si les mêmes circonstances se représentaient, et si nous n'avisions énergiquement, promptement. Tel serait toujours l'effet infaillible de notre organisation actuelle, de notre système administratif.

Pour nous, qui avons apprécié la position à son véritable point de vue, qui avons suivi toutes ces manœuvres et qui les avons dénoncées (1), nous ne pouvons, au moment d'un nouveau danger, retenir notre plume, et nous tentons encore un effort consciencieux et énergique pour démontrer combien il serait facile de

(1) Voir notre ouvrage sur le pain, causes de la cherté, publié en avril 1847.

s'affranchir de toutes ces misères, et de rendre à jamais impossible le retour de ces calamités.

Puissions-nous être écouté et compris!

Le système que nous allons exposer est vaste, sinon complet; la question est grave et mérite une grande attention. Nous ne pensons pas avoir tout prévu, tout indiqué, mais nous sommes certain de la traiter avec connaissance de cause, avec conscience et conviction.

Nous mettons sur la voie de réformes et d'améliorations utiles, importantes et très-urgentes.

Toutefois nous aurons manqué notre but, si nous ne trouvons appui, sympathie et protection auprès du gouvernement et des autorités municipales, sans l'intervention desquels tous changements, tous progrès sont impossibles.

On a beaucoup écrit sur l'agriculture. Nous avons des travaux, des statistiques sur les terres arables; mais nous ne sachons pas que personne jusqu'à ce jour se soit sérieusement occupé des moyens d'arriver facilement et *sans frais considérables* à avoir des *réserves* et des *approvisionnements*, et de combiner ces moyens avec les secours et les améliorations que réclame l'agriculture.

C'est de ce point *capital* que nous allons d'abord nous occuper.

Il importe, avant tout, si on veut conserver le blé, de se rendre bien compte de son état naturel, des accidents et des maladies qu'il éprouve, et ensuite de chercher à lui donner les éléments d'une conservation longue et certaine.

La France est, dit-on, un pays éminemment producteur; et cependant la France ne récolte pas, année commune, la quantité de blé nécessaire à sa consommation; elle demande à l'étranger chaque année un million de quintaux métriques de blé. Cependant, un grand nombre de ses habitants se nourrit de pain de seigle, d'orge, de sarrazin, de pommes de terre, de châtaignes.

Sur la quantité de blé que récolte la France, la *huitième* partie retourne à la terre comme semence, et un *dixième* est détruit, dénaturé par le charançon et autres insectes (parasites internes), par les accidents, les maladies de bien des genres qu'il supporte. On n'a jamais considéré l'importance de cette perte, de cette dépréciation.

On prétend que l'agriculture a progressé; cependant, le grain qu'elle nous donne n'a pas augmenté en valeur ni en poids; la reproduction de chaque grain de blé ensemencé n'a pas dépassé sept ou huit pour un. Il y a plutôt eu déperdition, et si elle n'a été que stationnaire, elle a dégénéré...

Comme toutes les productions, la nature nous a donné le blé avec toutes ses imperfections; elle nous a laissé la tâche de l'améliorer, de l'approprier à notre existence. Cette tâche, nous ne l'avons pas remplie, et il faut nous en occuper si nous voulons vivre en paix.

En nous reportant aux traditions anciennes, au caractère de nos ancêtres, nous trouvons que sous ce rapport ils ont beaucoup mieux fait que nous.

Par nos observations et notre travail persévérants, nous avons obtenu tout ce qui embellit notre existence, charme nos caprices : fleurs variées, fruits exquis, conserves, etc., etc., et pour le blé nous n'avons rien tenté. Il semble que parce que ce qu'il nous faut de pain pour nous nourrir nous arrive chaque jour à des conditions de prix et de qualités à peu près satisfaisantes, et qui constituent une dépense minime, il ne vaille pas la peine que nous nous en occupions... et dans notre égoïsme, nous ne pensons pas à la quantité de malheureux qui ne se le procurent que péniblement et souvent en quantité et en *qualité* bien insuffisantes.

Ah! si le pain était une denrée de luxe et que la production de l'étranger pût venir faire concurrence à la nôtre, nous serions beaucoup plus avancés, car notre orgueil aurait excité notre génie.

Ce que nous n'avons pu faire encore, il nous faut l'accomplir sans retard; les questions d'économie domestique, de vie à bon marché, ont une importance beaucoup trop grande à notre époque pour que nous les négligions. Là est la solution de notre avenir, notre ancre de salut.

Le blé est la céréale la plus facile à cultiver; autrefois on ne le récoltait que dans les terres élevées et de première classe, maintenant on le sème partout et dans les vallées; il résiste aux hivers rigoureux et aux chaleurs excessives; il ne demande qu'un sol bien préparé, suffisamment amendé; il faut aussi que sa semence soit renouvelée et provienne d'un sol étranger.

Mais souvent il arrive que les terres que le cultivateur met en blé sont mal préparées; elles n'ont pas l'engrais nécessaire à leur fécondité; le plus souvent aussi la semence n'est pas changée, on rend à la terre ce qu'elle vient de produire, et alors il y a dégénération dans l'espèce, abaissement dans la quantité.

Ces causes fâcheuses tiennent au manque d'argent, à l'absence de crédit et à l'insuffisance des transactions établies; le laboureur, abandonné à lui-même, ne peut se procurer en temps utile, souvent en aucun temps, ni l'engrais, ni le blé de semence que réclame sa terre, et il use de ses ressources intérieures toujours insuffisantes.

Lorsqu'une récolte abondante lui arrive, le cultivateur est embarrassé ; il considère comme une calamité la quantité et la qualité (toujours inséparable de la quantité) : ses frais de moisson augmentent, et il manque de granges et de greniers; les prix de vente sont bas ; s'il conserve son grain, il ne sait pas le soigner et le préserver des charançons et autres insectes.

La spéculation ne verse des capitaux dans le commerce des grains que dans des années de mauvaise récolte et de qualités inférieures qui en sont toujours la conséquence, parce qu'alors seulement il y a des chances de gros bénéfices; il y a agitation et trouble; on vend vingt, trente fois un même marché sans avoir besoin d'emmagasiner ; de là point de soucis, point de frais; au contraire, action vive, alternative de grandes affaires, bénéfices considérables, réalisables en échanges, en différences ; de là jeu, paris, agiotage. — Voilà les seules causes qui poussent le capital vers le marché des grains.

En temps d'abondance et de calme, il faut, si l'on achète, conserver, emmagasiner, entretenir, combattre la destruction, c'est-à-dire cribler, ventiler sans cesse, seuls moyens connus qui déplacent l'insecte, le gênent, mais ne le détruisent pas. Le commerce extérieur ne présente pas ou peu d'écoulement, car l'année bonne pour nous l'a été pour nos voisins, et nous sommes réduits à la consommation intérieure. Voilà pourquoi, alors que la nature nous protége, il y a absence de spéculation, retrait de capitaux.

Dans le premier cas, il y a exagération, captation et malheur pour le consommateur; dans le second cas, il y a dépréciation et ruine pour le producteur.

Il est donc utile, bien utile, de concilier ces extrêmes.

Les progrès en agriculture ne seront possibles qu'alors qu'on aura pu la détacher de la routine des habitudes mauvaises pour lesquelles elle a un grand attachement.

L'habitant des campagnes mange un pain mauvais qui le nourrit mal et qu'il absorbe en quantité énorme, alors qu'il a du bon blé avec lequel il aurait un pain bon et qui le nourrirait avec une quantité beaucoup moindre ; et avec les graines de seigle, du blé noir, il pourrait donner au bétail un aliment qui ajouterait considérablement à sa valeur et rendrait la viande plus abondante, moins cher et plus à la portée d'un grand nombre.

Non-seulement le cultivateur exploitant et propriétaire rejette d'abord toutes idées de progrès et d'améliorations qui l'obligent à sortir de ses habitudes, mais encore alors que, bien tardivement, il se décide à les adopter, il trouve dans ses employés, dans les journaliers qu'il occupe, une résistance que souvent il ne peut pas vaincre.

Par la raison qu'il redoute une récolte abondante, le fermier ne met en blés que la quantité de terre strictement nécessaire à ses besoins et à ses opérations ordinaires : il y a restriction ; et cependant la consommation peut et doit s'étendre : c'est dans la grande production qu'est la prospérité de la culture.

Les étés chauds et secs donnent toujours une récolte bonne et belle ; le grain se rentre sec et rend beaucoup de farine ; mais, par cette raison, le charançon, qui a son germe dans le grain de blé dont il est l'habitant, se développe plus sûrement, plus rapidement. Ces diverses subsistances de l'homme n'ont pas été, nonobstant son amour-propre, créées pour lui ; il les doit toutes à son industrie. Elles ont été tout d'abord destinées à la nourriture des petits insectes spéciaux à chacune d'elles. Nous les nommons en général parasites, pour faire croire qu'ils vivent à nos dépens, tandis que nous nous sommes approprié leur domaine ; ils ont incontestablement le droit de premier occupant. C'est en raison de cet ordre de la nature que le charançon s'est emparé du blé, qu'il y naît, s'y nourrit et se reproduit en accomplissant son évolution naturelle. Au charançon il faut ajouter les brusches et mille autres insectes innommés. Puisque nous avons dû nous emparer de leur bien, sachons au moins les combattre, les détruire, afin que nous n'ayons pas à redouter leur voracité. Nous avons aussi pour ennemis affamés les parasites externes, c'est-à-dire mille petits insectes dont les germes sont déposés dans les tissus végétaux ou animaux, postérieurement à leur entier développement, par certains insectes qui n'ont d'autre moyen de se reproduire.

Outre cela, le grain de blé se trouve armé d'une barbe ou duvet imperceptible à l'œil qui retient la parcelle de terre, de poussière, qu'il absorbe et rend plus adhérente, ce qui est une cause d'insalubrité.

Telles sont les causes de destruction qui existent dans le blé alors qu'il y a bonne récolte et bonne qualité.

Lorsque la récolte a été contrariée, rendue mauvaise par une température défavorable, les mêmes principes destructeurs existent, et il vient s'y joindre une infinité d'incidents, de maladies, qui précipitent la destruction du blé et lui retirent de sa qualité. Ainsi lorsqu'il est rentré frais et humide, le blé germe et s'échauffe : cet accident est grave parce qu'il attaque le blé à l'intérieur.

Le charbon, la rouille, la nielle, la cloque, etc., sont les noms que, selon chaque localité, on donne aux maladies qui surviennent au grain. Les effets que ces maladies produisent sont plutôt extérieurs qu'intérieurs ; ils donnent au blé une forte dépréciation, parce qu'ils lui retirent surtout le coup d'œil ; mais alors qu'on aura pu en dégager le grain, il aura repris sa valeur et son apparence ordinaires.

Nous n'avons pas besoin de dire que ce qui constitue la qualité la plus recherchée et la plus essentielle du blé, c'est sa densité, sa sainteté et son poids.

A toutes ces causes de destruction que la nature a rendues inhérentes au blé, ajoutons celles que nous avons créées par le manque de soins que nous prenons pour le recueillir, et par l'imperfection des greniers et lieux dans lesquels nous le déposons et qui ne sont nullement appropriés pour cela.

Ces effets, ces causes étant suffisamment établis, il nous reste à indiquer, à démontrer, non la nécessité, elle est trop comprise, mais la possibilité, la facilité de les atténuer et les faire disparaître complétement. Alors, *et seulement* alors, tous empêchements à faire des réserves, à établir des greniers qui recevront en année abondante le surcroît de la consommation, auront disparu ; tous moyens de relever les cours, comme aussi d'arrêter l'exagération, seront applicables ; alors aussi l'agriculture sera soutenue et secourue.

Des moyens de conservation.

L'expérience démontre que lorsque le blé est abattu huit et dix jours avant sa complète maturité, il reste dans les tiges de paille qui supportent l'épi assez de sève pour que sa maturité se complète, en le laissant toutefois sécher exposé à l'air et disposé en gerbes ; alors les insectes que nous avons appelés parasites internes n'ont pu atteindre un degré de développement suffisant pour qu'ils puissent éclore et n'attaquent pas le grain. Le grain ainsi récolté est, selon les uns, très-propre à une bonne semence, et, selon les autres, très-impropre, parce que le germe n'a pas été assez développé ; c'est là un point de contradiction qu'il serait facile d'éclairer.

Mais ce mode de récolter le blé nous semble, sinon impraticable, au moins bien difficile pour toute une moisson. L'inconvénient le plus grand, c'est de laisser en plein air les gerbes assez longtemps pour que la sève ait accompli la maturité et séché la paille, ce qui la laisse exposée aux pluies et aux orages trop longtemps. Ces soins exigent plus de travail et occupent plus de bras.

Il est difficile aussi d'apprécier huit jours à l'avance la maturité des grains, car souvent elle arrive en quelques vingt-quatre heures. Nous ne parlons de ce moyen que comme observation.

Nous croyons utile, pour bien faire saisir notre travail, de reproduire quelques-unes des pages d'un travail très-remarquable qu'a fait sur la conservation des blés le docteur Pigeau, travail qu'il a bien voulu nous confier comme membre de l'*Institut de l'Industrie* auquel il soumettait son manuscrit :

« Depuis que les hommes vivent agglomérés sur des surfaces restreintes et incapables de les faire vivre des produits naturels du sol ; depuis, surtout, qu'ils ont été forcés de vivre dans des climats rigoureux, ils ont senti la nécessité de conserver spécialement les subsistances alimentaires qui sous un moindre volume contiennent le plus de matières nutritives.

» De ce nombre, se trouve naturellement le blé : les

procédés propres à prolonger sa conservation naturelle ont dû tout d'abord appeler leur attention ; les disettes relatives de certaines années en ont bientôt fait une loi impérieuse.

» Aussi voyons-nous dans la plus haute antiquité, dans les Indes, en Egypte, ces deux berceaux de la civilisation, et même au Pérou, sous les Incas, des procédés analogues et presque identiques pour la conservation du blé. Le *silo*, emprunté à l'industrie de certains insectes rongeurs qui, comme nous, vivent de blé et de fruits secs, fut très probablement le premier mode de conservation employé par l'homme pour ses approvisionnements. Ce procédé était grossier, souvent infidèle et même impraticable dans les pays bas et humides, et donnait encore accès aux parasites ; on dut y renoncer.

» Il fallut aviser : alors probablement quelque observateur attentif à interpréter les faits les plus insignifiants en apparence s'aperçut que certains grains de blé oubliés par mégarde dans un endroit *sec* et *chaud*, étaient intacts depuis un grand nombre d'années ; considérant d'ailleurs que les subsistances desséchées au soleil se conservaient facilement.

» On dut donc substituer au silo la dessiccation du blé. Au *sommeil* de ces graines, on avait, sans s'en douter, substitué la *mort organique* comme mode de conservation.

» Ce procédé se retrouve en Egypte, en Grèce, en Italie et dans le midi de la France, où il a été importé par les conquêtes romaines. Dans ces pays, on prend beaucoup de bains chauds, et il y a, par suite, beaucoup de lieux propres à la dessiccation du blé de conserve. Il existe encore des étuves dont la partie supérieure était disposée pour recevoir du blé, qui y séjournait quelque temps avant d'être transporté dans les greniers publics.

» Ces moyens étaient peu dispendieux puisqu'ils utilisaient un excédant de calorique, mais ils ne devaient pas pouvoir suffire aux besoins d'une nombreuse population.

» Il ne paraît pas cependant que les anciens y aient pourvu autrement, si ce n'est en utilisant à cet effet la chaleur du four à pain et celle du four à chaux. En effet, on conserve encore aujourd'hui dans le midi de l'Europe le maïs en le passant au four, comme on le fait pour le cocon de ver à soie dont on veut tuer la chrysalide.

» En passant dans le nord et dans l'ouest de l'Europe, la civilisation n'avait plus ni la nécessité, ni la facilité des étuves ; les traditions d'ailleurs étaient éteintes et les silos étaient impraticables. Les peuples de ces contrées furent souvent réduits aux plus durs expédients pour vivre dans les mauvaises années : c'est ce qui explique l'agitation incessante des populations du Nord et leurs excursions sur le Midi, où la nourriture était plus *facile à conserver*.

» Malgré l'impérieuse nécessité, à mesure que la densité moyenne des populations augmentait, malgré les horribles disettes du moyen-âge, où des populations presque entières s'éteignaient sur les grandes routes, il ne paraît pas que l'industrie humaine se soit fort ingéniée à trouver la solution de ce grand problème : *conserver à peu de frais les produits surabondants des années fertiles* pour subvenir à l'*insuffisance* des mauvaises *récoltes*.

» Les greniers publics, dits avec ostentation greniers de réserve ou d'abondance, n'ont jamais contenu, chez les peuples les plus civilisés même, huit jours de nourriture pour la population. Ces établissements sont des duperies fort dispendieuses, utiles tout au plus aux employés et aux charençons qu'ils sont chargés de ventiler, et tout à fait incapables d'atteindre le but de leur destination.

» La disette relative de 1846-47 nous a clairement démontré l'insuffisance des mesures sous l'empire desquelles nous vivons : elles n'ont pas fait baisser de *cinq* centimes l'hectolitre de froment, monté jusqu'au triple de sa valeur normale... Nous sommes toujours sous le coup d'un nouveau 47 et d'une émigration de quelques cent millions de capitaux, réduits à perdre en une année semblable le fruit de dix années d'industrie heureuse et d'économie.

» Tant que l'empirisme seul présidera à ces recherches, tant que les connaissances acquises, soit par les précédents, soit par l'histoire naturelle, soit en physique, en chimie, en agronomie et dans les arts mécaniques, ne concourront pas à élucider ce problème capital, on doit craindre de ne jamais voir se réaliser l'objet de tant de vœux, atteindre le but de toute civilisation. L'espèce humaine doit se résigner à souffrir, sinon à mourir. Il importe donc d'aviser et d'appeler à résoudre ce point *capital*, le concours de tous les hommes spéciaux et éclairés. L'art de conserver le blé, les céréales, doit être basé sur la connaissance de leur structure intime, de leur mode de développement et de la disgrégation de leurs éléments constitutifs : hors de là tout est *routine* et *empirisme*.

» Deux moyens nous semblent praticables.

» On a vu par ce qui précède que les anciens avaient employé la chaleur tempérée pour conserver les végétaux et les grains, et les soustrayaient à l'action de l'air et de l'humidité en les enfermant dans d'énormes citernes et silos. On prévient ainsi le développement des parasites ; les germes dorment des siècles si rien ne change autour d'eux. On a trouvé dans des tombeaux de la haute Egypte des blés qui, après plus de trois mille ans, ont encore pu germer et se reproduire, tant ils étaient bien conservés.

» Mais cette uniformité de conditions a besoin d'une

précision presque mathématique pour réussir infailliblement. Cependant, comme les procédés sont peu dispendieux et qu'ils auraient l'avantage de conserver aux graines leur vertu germinative, nous pensons qu'il y a lieu de la prendre en sérieuse considération.

» L'autre moyen consiste à *luer* les végétaux et toutes les subsistances qu'on désire soustraire à leurs parasites internes, à *égermer* les graines dont ils se nourrissent. Pour cela, il suffit de les exposer quelque temps à un courant d'air *chaud* et *sec*, et même de les déposer dans un milieu semblable, pourvu que leur masse en soit suffisamment pénétrée.

» En tuant le germe, on tue le parasite : *morte la bête, mort le venin.* Mais pour une conservation complète, il faut bien s'assurer que la plante est égermée, ce qui est facile à savoir en plaçant quelques grains dans un endroit chaud, humide et bien isolé.

» Les blés préparés sur les étuves sèches des anciens étaient ainsi égermés, ce qui explique l'infécondité qu'on leur reproche et qu'on attribue bien à tort à leur conservation.

» Ce procédé ne serait donc point applicable aux blés destinés à la semence, et pour qu'il réussisse complétement il faut que son application soit faite avec intelligence, car il importe que chaque graine à préparer soit soumise à l'action de l'air *sec* et *chaud* d'autant plus longtemps que sa trame organique et son enveloppe offrent plus de résistance, que son volume est plus considérable, et que l'humidité qu'elle contient la rend plus réfractaire à l'air *sec* et *chaud*. Ces procédés de conservations doivent donc être très variés ; mais quand les principes en sont connus on ne peut tarder à obtenir la perfection dont ils ont besoin pour être livrée à l'industrie.

» Le principal mérite de ces observations, ce qui constitue l'originalité de cette divulgation des procédés anciens pour conserver les graines, c'est surtout d'en avoir fait ressortir le mécanisme intime, d'avoir donné la clef qui sert à résoudre toutes les objections, à surmonter toutes les difficultés qui s'y rattachent.

» Il nous reste encore à composer le manuel opératoire du procédé, nous remettant au temps et à l'expérience pour en opérer la perfection.

» Pour les blés, les céréales et les subsistances divisées, la *vis d'Archimède*, traversée constamment d'un air *sec* et *chaud* de 60 et 80 degrés, d'une longueur proportionnelle à la résistance des tissus, nous paraît d'une application facile et heureuse. On pourrait encore déposer le blé ou le faire tomber dans une chambre où de pareilles conditions seraient remplies. Au reste, comme il s'agit de *tuer* le blé sans altérer son tissu, peut-être suffirait-il de le soumettre à un courant électrique très-intense, ce qui serait plus expéditif et moins dispendieux. Ce qu'il importe surtout pour les graines grasses et dont le goût doit être ménagé, c'est de procéder avec vivacité et peu prolonger le contact de l'air sec et chaud.

» Ainsi préparés et débarrassés de leurs parasites internes, les grains doivent nonobstant être déposés dans des lieux secs peu aérés et surtout point humides ; car les principes qu'ils contiennent ne sont pas moins disposés à agir les uns sur les autres en vertu de leurs affinités chimiques, alors surtout que l'humidité sollicite leur dissolution.

» Pour compléter cette œuvre, il nous resterait peut-être à faire voir que tous les procédés employés jusqu'ici à la conservation des subsistances alimentaires végétales ou animales abondent tous dans le système qui vient d'être développé ; nous ne ferons que les effleurer.

» La fonte du suif, du beurre, portée à un certain degré de cuisson ; les conserves de viandes dans la graisse ; les conserves de *Nantes* par le procédé *Appert* ; le tanage des peaux, leur pénétration par le sublimé ou l'arsenic ; le salage des viandes, leur boucanage ; les fruits confits dans le sucre ou plongés dans des liqueurs spiritueuses, les vins cuits, les sirops, les confitures, etc., etc., etc. ; tous ces procédés agissent en *tuant* la trame organique du tissu ou des substances, en les *momifiant*, si je puis dire ainsi. L'expérience en fera connaître ultérieurement de nombreuses applications qui vont surgir du principe fécond exposé par nous. »

Les moyens ci-dessus énoncés, que nous avons extraits du beau travail du docteur Pigeau, s'appliquent principalement à la destruction des insectes rongeurs et de la germination. Nous compléterons cette pensée en disant qu'à un appareil qui réunirait toutes ces conditions, il serait utile et facile d'adjoindre ce qu'il faudrait pour enlever au grain les maladies, les principes viciés que nous avons énumérés, et qui constituent une cause considérable de destruction et d'insalubrité. Pour cela il ne s'agirait que d'introduire dans une partie de l'appareil un jet de vapeur humide, qui attaquerait le tissu du grain, qui en même temps serait soumis à une action de frottement pour le dégager des germes impurs qui l'enveloppent. Tout aussitôt le lavage opéré, le grain retournerait à l'action de l'air *sec* et *chaud*, et il recevrait alors, et en une seule opération, tous les éléments d'une conservation longue et assurée. Nous croyons même que cette opération de lavage par frottement serait utile à tous les grains et en tous cas.

Après ces opérations simples et d'une appréciation facile, le grain déposé dans un local bien disposé pour cela se conserverait en couches assez épaisses et n'aurait plus besoin d'être travaillé. Nous pouvons assurer que le blé peut rester ainsi plusieurs années sans perte et sans exiger de soins. Toutes dépenses d'entretien auront disparu. Ajoutons encore que le meunier qui, en ce moment, est obligé de faire de grands frais et d'absorber une force considérable pour nettoyer le blé qu'il va moudre, serait affranchi de cette dépense, et qu'alors les frais de mouture seraient notablement réduits.

On comprendra qu'il ne saurait ici être question de créer une machine brevetable et d'une exploitation exceptionnelle et chèrement rétribuée. Il y a avant tout *utilité publique*, richesse générale, sûreté pour l'État. C'est donc l'État, le Gouvernement seul qui peut et doit prendre l'initiative et provoquer la solution.

Dès que l'État voudra faire appel à l'intelligence et au savoir, qu'il consacrera à la solution de ce problème une somme de *cent mille* francs, dont *cinquante* seront accordés à titre de prime à celui qui aura été le plus habile, et cinquante pour récompenser et indemniser les cinq qui suivront; alors toutes difficultés seront vaincues et la question sera résolue.

Nous connaissons tout ce qui a été tenté isolément, tous les moyens qui ont été présentés jusqu'à ce jour, et nous ne voyons rien de bon et de complet. Nous devons cependant citer la machine construite par M. le comte de Maupoux : elle renferme de bons principes, mais elle manque de simplicité et de perfection ; elle fonctionne quelquefois dans le magasin d'entrepôt de La Villette, dirigé par M. Thoré.

Nous le répétons, il n'y a qu'un concours provoqué par l'État qui puisse faire surgir cette merveille.

Que l'*État* nous comprenne et qu'il agisse...

Nous ne saurions clore ce chapitre sans faire ressortir combien l'application de cette machine serait favorable à l'avoine et à la santé du cheval. Chacun sait combien l'avoine contient de parties terreuses, pierreuses et poussiéreuses, indépendamment de tous les principes de destruction qu'elle a en elle-même tout aussi bien que le blé. Jamais l'avoine n'est nettoyée, et l'animal absorbe avec elle une quantité énorme de ces matières qui encombrent son estomac, le font tousser, le rendent poitrinaire et le conduisent promptement à la mort. L'avoine ainsi préparée serait saine et conserverait l'animal.

Maintenant, comment employer utilement ces machines, en tirer tout le fruit possible et les placer à la portée de tous producteurs et détenteurs? Nous allons l'indiquer.

S'il fallait attendre que chaque cultivateur se pourvoie d'un appareil de ce genre, quelque perfectionné et quelqu'utile qu'il soit, jamais l'application n'en serait faite. La dépense serait un obstacle, la routine et l'apathie une cause de résistance; l'intelligence pratique ne se rencontrerait pas et il n'y aurait pas un bon travail : le mérite de ces machines sera surtout d'opérer sur des masses, d'avoir une action continue et presque sans frais.

Il faut donc qu'elles soient isolées et accessibles à tous. C'est pour cela que nous les placerons dans les établissements que nous allons créer, et qui formeront des greniers *de réserve* et d'abondance, des magasins de dépôts et des caisses au profit et constamment au service de la propriété et de la culture.

Le mécanisme de ces établissements s'étendra aussi sur l'industrie et protégera essentiellement le consommateur; il sera le régulateur réel éclairé du cours; il arrêtera la dépréciation et les prix vils qui ruinent la production et la propriété ; il mettra un frein à l'exagération qui accable le consommateur et ne profite qu'au spéculateur, et nous débarrassera des causes premières de nos misères; son action sera dégagée de toute influence privée et dans l'intérêt de tous; tout ce qui se lie à son mouvement sera prévu, calculé sagement, modérément et ostensiblement.

Alors que la France sera dotée de ces établissements qui recevront le trop plein de nos récoltes, conserveront le grain dans des conditions saines et économiques, il n'y aura plus encombrement, dépérissement et dépréciation; il s'établira un cours satisfaisant pour le producteur et avantageux pour le consommateur.

Alors que les greniers de réserve existeront, et que, par l'action éclairée et puissante de leur organisation, ils seront garnis de grains provenant, soit de nos bonnes récoltes, soit d'achats tirés en temps opportuns de l'étranger, et qu'une mauvaise récolte nous arrivera, ils se répandront insensiblement dans la consommation et combleront le vide, et alors il n'y aura plus de crises, de paniques possibles ; les hideux effets de l'agiotage et du jeu n'auront plus prise, l'ordre et la tranquillité ne seront plus troublées.

La mission de ces établissements est immense, et leur création ne pouvait être comprise et s'exécuter qu'autant que le problème de la conservation des grains serait résolu; c'est pourquoi nous nous sommes tant étendu sur ce sujet.

Chaque grenier ou établissement de réserve serait muni d'une de ces machines ingénieuses et puissantes qui retirent au grain tout principe maladif et destructeur, pour le rendre sain et durable. Placé dans un centre producteur et autour des grandes villes, tout détenteur pourrait y conduire son grain, lui faire donner le baptême de la santé et de la vie, l'emmener pour le vendre ou l'y laisser en *dépôt*, et en recevoir un certificat de dépôt, avec lequel la caisse lui avancera, à un intérêt modeste, la somme dont il a besoin. Le producteur aura de l'argent et ne sera pas forcé de vendre. Indépendamment du blé, les greniers recevront en dépôt les laines, produit si important, et tous autres produits agricoles.

La réserve reçoit en dépôt, achète pour son compte et vend, mais à des conditions toujours généreuses; elle peut, par son administration puissante, être toujours bien renseignée. S'il y a insuffisance, elle a dû le prévoir, sonder la profondeur de la plaie, et la guérir avant qu'elle ait pu s'étendre. Mais son action ne s'arrête pas là : la réserve peut et doit puissamment aider l'agriculture, la pousser dans la voie du progrès, développer la production et étendre la consommation. Pour cela elle recueillera les grains les plus beaux et les plus propres à une riche semence ; par sa connexité elle échangera les grains entre toutes contrées et procurera à la culture un germe neuf qui lui assure la fécondité.

C'est ainsi que tout cultivateur pourra faire échange et se procurer ce qu'il n'a pas, sans dépenses, sans sacrifices.

Il en sera de même pour les engrais. La réserve en appréciera la qualité et le mérite, guidera la culture dans leur emploi, les lui procurera dans de bonnes conconditions et facilement, en propagera l'emploi et en développera la fabrication.

A ces résultats, dès ce moment appréciables, incontestables, il viendra s'en joindre beaucoup d'autres que le temps et l'expérience amèneront. Les habitudes les plus anciennes, les routines les plus enracinées disparaîtront insensiblement ; le progrès, le bon sens et l'aisance gagneront promptement du terrain.

Mais pour tout cela il faut une organisation vaste, puissante et riche, en capital et en considération. Comment la trouver? où la chercher?

Déjà nous l'avons dit, l'État seul peut et doit donner à une telle combinaison les éléments de *vie*. L'autorité municipale, locale, les conseils généraux lui doivent leur concours, leur coopération la plus ardente.

Les propriétaires et capitalistes, qui savent par expérience que ce n'est pas en augmentant sans cesse le loyer de leurs biens et de leurs écus qu'ils assurent leur fortune, doivent aussi un grand concours à cette exécution; et le petit consommateur même ne pourra rester indifférent au succès d'une combinaison qui lui assure une grande économie.

Le concours de tous semble donc assuré.

Mais avant tout et pour cela, il faut que l'*État* intervienne et fasse une large part. Nous croyons qu'il le peut sans s'imposer de lourdes charges, et nous indiquerons pour cela deux moyens.

Nous allons supposer que quelques *cents millions* soient absorbés pour l'*application entière* de ce système,

Nous dirons à l'État : déterminez, pour commencer, un *chiffre*, soit *cent millions*, pour lequel vous garantirez un minimum d'ntérêt, soit *4 0/0*, ainsi que vous le faites pour bon nombre de compagnies de chemins de fer, alors les fonds arriveront de toutes parts.

Nous demandons que l'État intervienne, mais qu'il n'administre pas!! qu'il détermine le mode d'administration; qu'il impose des conditions fixes, invariables, mais qu'il laisse à l'action particulière le soin de gérer, de conduire ses intérêts, et alors une infinité de combinaisons se produiront.

Ce que nous demandons à l'Etat avant tout, c'est de

provoquer la solution du système *économique, conservateur*, et de se l'approprier comme richesse de l'Etat.

Ce qu'a fait le gouvernement pour des compagnies riches et puissantes, pour quelques industries et intérêts personnels, pourquoi ne le ferait-il pas pour l'agriculture, pour laquelle il n'a encore rien fait et qui lui paie une si forte somme d'impôts?

La garantie qu'elle présente est immense. Que l'on se figure le bien que produiront quelques *cents millions* répandus dans l'agriculture. En admettant comme cas *pire* que l'Etat ne retire que peu ou point de l'intérêt qu'il aura cautionné, il y gagnerait encore, car l'accroissement de la richesse publique lui aura rendu plus qu'il aurait exposé. Nous croyons ces considérations vraies et déterminantes.

Si l'Etat le préfère, qu'il fournisse à *titre gratuit* et comme encouragement les sommes nécessaires aux dépenses de construction et d'installation, ainsi qu'il l'a fait pour bien des établissements publics, administrés par l'intérêt privé. Nous citerons les *monts-de-piété* (bien mal nommés), la Banque de France (livrée tout-à-fait à la faveur de la haute banque et du haut commerce); l'effet sera le même et l'impulsion aura été donnée.

On l'a compris : il n'y a point là place pour des idées de spéculation et de gros bénéfices; c'est une combinaison toute morale limitée dans ses profits, mais illimitée quant aux services qu'elle peut rendre à la société et aux richesses qu'elle devra verser dans ses veines. Si les capitaux se donnent à 4, ils pourront à peine produire 5 à 6; mais il y aura sûreté et gloire.

S'il est vrai, comme on l'a souvent dit, que toutes *combinaisons,* tous *efforts* qui tendent à provoquer une hausse sur les denrées de première nécessité à l'homme soient des *crimes ;* toutes combinaisons et tous efforts qui tendent aux effets contraires sont des bienfaits et doivent être accueillis par tous et hautement protégés par l'État.

Par tous les motifs ci-dessus énoncés, nous concluons en demandant :

1° Qu'il soit, par l'État, ouvert un concours pour la création d'un système *complet* ou *machines* ayant pour objet :

De nettoyer, laver et brosser les blés et tous céréales attaqués de maladies ou principes nuisibles et qui provoquent sa prompte destruction;

De détruire tous insectes ou germes existants dans les grains, de telle sorte qu'ils ne puissent pas se reproduire;

Enfin, de rendre tous grains et céréales utiles à la vie, dans un état de parfaite conservation sans altérer leur goût naturel ni qualité, et sans qu'il soit besoin de leur donner des soins et de faire des frais d'entretien;

Que l'État fixe à cent mille francs la somme destinée à cet objet, laquelle somme sera ainsi partagée :

Cinquante mille francs à titre de prime ou récompense pour celui des inventeurs qui aura le mieux atteint le but;

Cinquante mille francs pour indemniser et récompenser ceux des *cinq* ou *dix* qui auront concouru, et le plus approché du but.

Le jugement sera rendu par un jury, et les expériences faites aux frais de l'État.

Fixer un délai de *six mois;* appeler à la solution de ce problème les capacités de toutes les nations, car toutes sont également intéressées à sa solution, puisqu'aucune n'est plus avancée que l'autre.

2° Qu'il soit formé pour toute la France des règlements statutaires, devant être acceptés et adoptés par la ou les compagnies qui se présenteront pour l'*établissemeut* dans les contrées de production de céréales, autour des villes les plus peuplées et manufacturières, dans les ports de mer de Marseille, le Havre et Dunkerque, par lesquels nous arrivent les blés d'outre-mer, de *vastes bâtiments* devant recevoir des blés et autres graines et *former la réserve de la France ;*

Que chaque établissement forme une administration distincte, et cependant se reliant à un même système, à une même combinaison ;

Que le capital de chaque administration soit en proportion des ressources et des besoins de la localité ;

Que ces capitaux soient toujours mis à la disposition du cultivateur et du propriétaire qui voudront être dépositaires ou vendeurs ;

Que les établissements échangent entre eux, ou se procurent, par leurs ressources et relations étendues, toutes les graines de *semences* les plus favorables à leur climat, à leur terroir, de manière à fournir à l'agriculture cette semence étrangère qu'elle ne peut se procurer par elle-même et puisse améliorer ;

Qu'il en soit de même pour les engrais et toutes autres matières qui peuvent donner une vigoureuse impulsion à l'agriculture ;

Enfin que l'État fixe un maximum d'intérêt de 4 0/0 pour les capitaux employés à cet effet et qui seront appelés par souscription ;

Ou que l'État accorde à chaque établissement qui se

formera dans le délai de . . . . tels avantages qu'il jugera utile et qui seront de nature à déterminer les capitaux dans cet emploi.

Nous désignons comme devant être formés tout d'abord les établissements suivants :

1° Paris, en amont de la Seine ;
2° Paris, en aval de la Seine ;
3° Meaux, sur la Marne ;
4° Soissons, sur l'Aisne ;
5° Amiens, Somme ;
6° Chartres ;
7° Lyon, Rhône ;
8° Bordeaux ;
9° Lille ;
10° Marseille ;
11° Le Havre ;
12° Dunkerque.

Nous proposons ce projet au gouvernement de la République, pénétré de son utilité, de son opportunité. S'il l'adopte, il en retirera des fruits immenses et une grande popularité.

S'il le repousse, il prouvera qu'il ne tient aucun compte des besoins et des souffrances de la nation, et qu'il ne se préoccupe nullement du bien-être de ses administrés.

Nous ne nous sommes nullement préoccupé, dans ce travail, du système de droits, de lois de douane, de zones et règlements administratifs qui règlent l'entrée en France des blés étrangers. Les divisions intérieures et les formalités à remplir pour ces transactions, ce sont là des questions fort graves et importantes qui viendront après.

Dans le chapitre suivant, nous traiterons la question

des farines et de la panification, qui se rattache essentiellement à cette première partie.

DEUXIÈME PARTIE.

Des farines, de la meunerie.

Le système que nous avons exposé au chapitre qui précède pour la conservation des blés et les établissements de réserves, aurait des avantages immenses pour la production *de la farine ;* il viendrait simplifier l'action de la meunerie, la rendrait moins absorbante, et serait une cause de baisse dans le prix du pain, et, par conséquent, d'économie pour le consommateur.

Depuis longtemps on a adopté un principe faux et vicieux qui a singulièrement compromis les intérêts du consommateur, et fortement favorisé les intérêts de quelques-uns.

Alors que l'on a voulu se rendre compte du prix du pain, lui donner un cours normal et un prix régulateur, on s'est reporté aux cours, aux prix des farines ; on s'est alors écarté de la loi de la nature, de la production réelle, pour adopter pour base une production en quelque sorte artificielle; on a oublié que la farine était issue du blé, que sa conversion n'était qu'un travail, une manipulation toujours et sûrement appréciables; on n'a pas tenu compte du *prix* du cours des *blés,* mais de cours soit réels, soit fictifs donnés aux farines, et, dès ce moment, les intérêts de l'agriculture, tout autant que ceux du consommateur, ont été livrés à la merci des meuniers, des commerçants et spéculateur en farines.

Aussi on a vu alors le commerce des farines, soit direct, soit intermédiaire, prendre une importance, un développement considérables, tandis qu'autrefois l'action de la meunerie était presque nulle, et qu'il n'existait pas ou presque pas d'intermédiaire entre la production et la consommation.

De cet écart de la loi naturelle et de la raison, il est résulté que toute la force de l'action intervenante, soit comme capital, soit comme intelligence et activité, s'est portée sur les farines et a délaissé le produit agricole.

Il s'est élevé entre le producteur et le consommateur un nombre infini de positions intermédiaires toutes exigentes qui ont fait naître et donné une force énorme à la spéculation, aux bénéfices multipliés, aux marchés à termes, aux arbitrages, enfin à tout ce qui constitue le vague, l'aléatoire.

C'est ainsi que ce que nous devions le plus respecter, *le pain, l'aliment* le plus utile, comme le plus facile à approprier à nos besoins, est devenu une cause continuelle d'agitations, d'alternatives de développement de mauvaises passions, etc.

Et ce qui n'est pas le moins étrange, c'est alors que l'autorité a cru devoir intervenir dans la consommation, que se sont fait jour ces funestes habitudes.

Il importe donc, si on veut adopter un système protecteur pour les masses, et rentrer dans le vrai et le naturel, d'employer les moyens qui doivent rapprocher la consommation de la production. Hors de là, il n'y aura jamais de système véritablement moral et protecteur.

C'est vers ce but que nous marchons.

Alors qu'on aura obtenu pour les blés des prix rationnels presque fixes et invariables;

Alors que les grains auront été dégagés de toutes les causes qui rendent leur conversion en farine difficile et incertaine, le travail sera déterminé à l'avance, le résultat apprécié ; tous effets spéculatifs, toutes combinaisons qui s'écarteraient de la base, seraient sinon impossibles, au moins beaucoup plus difficiles.

Ici nous attaquons des intérêts immenses, des positions bien fortement constituées, et qui luttent sans cesse contre toute amélioration et ont jusqu'ici comprimé le progrès, étouffé les cris, les plaintes trop légitimes poussées par la misère, et si nous soulevons sans scrupules le rideau qui couvre tous les moyens d'action et de résistance, c'est que nous savons que pour être écouté il faut être déterminé, et que pour enlever une position bien défendue, il faut que le courage et la conviction suppléent aux moyens et au nombre.

Déjà nous l'avons dit, et d'autres avant nous, pour tout ce qui se rattache aux cours des céréales, Paris est le foyer, le point de départ de tout ce qui est spéculation, convoitise et jeu.

C'est au *carreau* de la halle aux farines de Paris que se déterminent les mouvements, les impulsions à donner, les razzia à opérer, les instants de disette à créer; c'est de là que partent toutes les inspirations qui vont porter partout le trouble, l'exagération et la misère; de même que c'est du parquet de la Bourse de Paris, et par les bulletins quotidiens, que se font connaître et se reproduisent les cours si variés, les fluctuations si fréquentes dans la fortune publique.

Selon notre conviction, l'influence de la halle aux farines est une calamité publique, un mensonge continuel...

et cependant le pouvoir est là ; il y a des agents qui voient, déplorent, et ne peuvent agir ! Ils répondent : « Nous connaissons les fraudes, les mensonges, l'immoralité, mais nous nous taisons ; nous sommes sans puissance, nous sommes là pour tenir la chandelle (*historique*) et nous laissons faire. »

Là est tout le mal, là existent les seules causes de l'instabilité dans les cours, de l'improbité dans les transactions, et aussi de la hardiesse des moyens de fraude et de sophistication apportés trop souvent dans la production des farines et du pain. C'est la redoute qu'il faut prendre d'assaut et détruire de fond en comble ; pour cela, il faut d'abord revenir au produit naturel, *le blé*, admettre son cours comme base, comme régulateur de tout tarif, de toute appréciation.

Nous sommes forcés de le dire, la meunerie, à mesure qu'elle a pris de l'extension, qu'elle a envahi et pesé sur la consommation, n'a été ni progressive ni bienfaisante. Elle s'est appliquée à retirer à la production du pain ce qu'elle avait de simple et de naturel ; elle en a fait une production luxueuse, fardée, se prêtant à toute forme, à toute fantaisie. Par les perfectionnements apportés dans le mécanisme des moulins, on a pu faire une farine plus fine, plus divisée ; on tire plus à blanc avec les meules anglaises qu'avec les meules d'autrefois dites à la française, mais on laisse plus de farine dans les sons ; il y a perte pour le rendement, et par conséquent déficit pour la consommation.

Mais en revanche, plus d'éclat, plus de facilité à tirer une farine convenable à la panification de fantaisie ; mais malheureusement aussi, plus de facilité à amoindrir le pain de l'ouvrier des classes les plus nombreuses, les modestes et nécessiteux consommateurs.

Donc, il n'y a pas progrès, il n'y a pas avantage ; il y a perte et surtout dépréciation pour le plus grand nombre.

La farine est une substance qui n'a aucuns éléments de conservation et qui est plus ou moins fortement poussée vers une action détérioratrice, selon les soins qui ont présidé à sa fabrication et la nature du blé ; il y a toujours humidité et disposition à la fermentation. Souvent le gluten, la partie la plus délicate et la plus susceptible d'être altérée, se trouve décomposé par l'action de la meule, et donne alors à la farine un mauvais goût de moisi qui se reproduit dans le pain avec plus d'intensité. L'action de l'air humide détériore la farine, comme aussi l'air chaud la dessèche et la durcit. Il est donc impossible de baser un système d'approvisionnements et de réserves sur la farine, et tout ce que l'on a fait à cet égard n'a pas été fondé sur la raison et l'intérêt général.

En 1847, année fatale, la spéculation a fait venir une grande quantité de farines de l'Amérique ; elles étaient expédiées dans des barriques en bois de petite dimension et bien comprimées ; probablement aussi elles avaient, avant leur entassement dans les boîtes, été bien séchées et étuvées ; cependant, l'action de la mer les a pénétrées, et après leur débarquement, comme on les exposait à la chaleur pour détruire l'humidité de la mer, elles se sont desséchées, de sorte qu'on les retirait du tonneau, non en poudre, mais en portions agglomérées et serrées comme des blocs de pierre.

Ces farines ne pouvaient être, la plupart, employées ; elles étaient d'un usage dangereux ; cependant elles se sont vendues ; elles ont été repassées dans les meules, broyées, brûlées et ensuite mélangées avec d'autres pour être déversées dans la petite consommation.

Il faut donc, pour le bien du consommateur, que la farine soit bien fabriquée, qu'elle ne soit pas ancienne et qu'elle n'ait pas un long parcours à faire.

Il existe aux environs de Paris (dans un périmètre de 70 à 80 kilomètres à peu près) *six cents* meuniers, soit *six cents* usines qui concourent à l'approvisionnement de cette cité. En dehors de ce nombre il existe une quantité de petits moulins dits *au petit sac* qui travaillent à façon et pour les particuliers des campagnes.

Ce nombre de six cents établissements pour la consommation de Paris et ses environs est au moins *une fois trop* considérable ; il multiplie les frais, divise les forces et est une cause d'inégalité et d'infériorité dans la production.

Chacune de ces usines est munie, en commune, d'au moins quatre paires de meules (les unes ont 6, 8 et 10), presque toutes bien équipées et à l'anglaise : cela fait *deux mille quatre cents* paires de meules, travaillant presque exclusivement pour une consommation qui n'est au plus que de *trois mille sacs* par jour, ce qui fait une usine pour un boulanger de Paris, le nombre étant de six cents, ou une production de 1 1/4 par paire de meule, soit une valeur de 60 à 65 fr., le prix du sac étant en temps ordinaire de 45 à 50 fr. Si l'on compare cette faible production avec les frais énormes, les incidents, les chômage et réparations, les intérêts des capitaux, etc., qu'ont à subir ces établissements, on est saisi d'étonnement, et on peut alors comprendre pourquoi entre le prix du blé et celui des farines, il existe toujours une différence très-grande.

Eh bien, ces *six cents* établissements se partagent les consommateurs ; ils vivent en bonne intelligence ; chacun trouve sa part, le fort protége le faible, et si le moulin ne marche pas toujours, les petits paris, les marchés à terme vont leur train et font aller la maison. *Aussi le meunier est avant tout spéculateur;* c'est là sa profession réelle.

Un certain nombre de ces meuniers ont des intérêts plus ou moins engagés dans le commerce de la boulangerie, soit comme bailleurs de fonds et fournisseurs attitrés, soit comme propriétaires plus ou moins ostensibles du *numéro*, de sorte que tous intérêts, toutes positions sont ménagés et se prêtent appui.

Plus loin nous démontrerons que la partie farinière et spéculative profite infiniment plus des priviléges et monopoles accordés à la boulangerie que les boulangers eux-mêmes, qui, placés entre la pression de toutes ces influences et l'intervention de l'autorité, sont à l'égard de ces deux puissances dans un état complet d'ilotisme.

« Faire disparaître toutes les causes d'encombrement, » tous les rouages absorbants et inutiles, travailler en » dehors de toute combinaison de spéculation et d'éven» tualités, réunir, concentrer les forces, les moyens de » travail et surtout les intérêts, voilà comment on amélio» rera la production de la farine et comment on rendra » son prix plus stable et moins élevé. »

On comprendra facilement qu'alors que la production du blé sera secourue et dirigée par les administrations de réserve, il sera moins facile à l'action farinière d'agir isolement sur la culture et de l'exploiter à son profit, ainsi que cela se pratique en bien des temps.

Alors aussi que les blés sortiront de ces magasins sains et parfaitement épurés, ils pourront passer de suite à l'état de farine, et produire un travail plus complet et plus simple. Les appareils qui existent dans les moulins actuels pour nettoyer le blé, en outre qu'ils sont très-incomplets et qu'ils opèrent mal, encombrent considérablement et absorbent une force notable de l'usine, inconvénients très-graves que l'on ne saurait surmonter autrement.

De cet état de choses, il ressortira immédiatement des combinaisons qui forcément simplifieront le travail et conduiront aux conclusions que nous venons de poser.

Sur la Boulangerie. — La Panification.

On a dit qu'il était heureux pour la France que le pain fût à bon marché depuis deux ou trois années, et que c'était là une des causes qui, en ces temps d'inquiétudes et d'agitations, avaient préservé notre pays de commotions plus violentes et plus dangereuses.

Cela est vrai ! mais, on en conviendra, cela n'est pas notre œuvre ; c'est, nous l'avons dit au commencement, un bienfait de la Providence, et, on va le voir, nous pouvions rendre ce bienfait beaucoup plus grand, bien plus utile et bienfaisant.

Aux yeux de beaucoup, le pain a été *à bon marché* puisque son prix a été de 57 à 65 cent. le kilogramme ; mais nous nous disons que, *relativement*, le pain a été toujours *très-cher* ; car nous allons démontrer que par une combinaison et une organisation toutes différentes, il eût été facile de réduire le prix du pain à 40 et 50 cent., ce qui eût produit une économie *notable*, et donné aux malheureux une vie moins pénible, moins chargée de privations.

En effet, pour que le pain soit *réellement* et non *relativement* bon marché, il ne suffit pas que le blé soit à bas prix et que la culture se ruine ; il faut aussi que le prix du travail de la main-d'œuvre qui constitue la partie industrielle et intelligente du pain, se produise dans des conditions de bonne fabrication, d'économie et d'ordre bien entendus. C'est la solution de ce principe qui a si puissamment et si heureusement contribué au développement de nos grandes industries, qui nous met à même de soutenir en bien des cas la concurrence étrangère, et qui, à mesure qu'il se développera, augmentera la masse des richesses de notre pays et répandra un bien-être plus général.

C'est ce principe si vrai, si généreux, qui n'a jamais été appliqué à la production du pain, et c'est de son absence que provient sa chèreté toujours relative.

Il est donc utile, indispensable, que, sans plus tarder, nous rendions l'application de ce principe accessible dans tout ce qui concourt à la *panification.*

Il faut que le pain, la denrée la plus utile à notre existence, le produit le plus simple à atteindre, le plus assuré d'un débouché continuel certain, le seul peut-être qui soit dégagé de tant de chances variables, incertaines, qui accompagnent toujours les autres produits, devienne de nos jours un produit véritablement manufacturier, et ne soit plus livré, abandonné à une mercantile mal assise, petite dans tout, chargée de frais, enveloppée de difficultés et d'entraves, obligée de vivre dans l'ombre, de rechercher des expédients, et de conspirer constamment contre l'intérêt de la consommation, l'intérêt de tous.

Il faut que le pain, surtout là où il y a agglomération de population et toujours beaucoup de misères, se produise *grandement*, *largement* et sur des principes d'un négoce qui doit être rémunéré dans des proportions sages, satisfaisantes, mais limitées, mais jamais hostiles aux masses. — C'est là la base certaine de l'ordre, de la stabilité, de la prospérité de notre société.

Malheureusement, nous sommes bien loin de là, et la

position que nous occupons est tout à fait extrême. Mais, hâtons-nous de le dire, nous pouvons tout d'un coup et d'un seul bond franchir l'espace qui nous sépare de ce but ; il ne faut pour cela que le concours actif et généreux de quelques-uns, et si nous sommes bien compris, nous l'aurons provoqué.

Déjà nous l'avons dit et écrit bien des fois, et toujours infructueusement, la panification, ou plutôt la boulangerie, est une profession placée dans les conditions les plus déplorables et les plus contraires aux besoins de la société.

Pour le démontrer clairement, nous reproduirons presque textuellement ce que nous en avons dit dans le travail que nous avons publié au mois d'avril dernier, travail qui, nous le pensons, n'a pas trouvé de contradicteurs.

De toutes les questions économiques, d'améliorations populaires et de la vie à bon marché, qui ont été soulevées depuis quelques années et qui restent encore à l'état de problème, aucune ne mérite une attention plus sérieuse, plus approfondie, que celle de la *production du pain.*

Question complexe, apparaissant toujours plus vive, plus pressante, cependant toujours ajournée, éludée.

Tout d'abord, nous la voyons dominée par deux *faits saillants :* le *monopole* ou *privilége ; l'absorption* entre les mains de l'autorité, faits qui semblent former une barrière infranchissable et dominer même l'intérêt public.

Pour nous il est incontestable que la production du pain, telle qu'elle se pratique, a des conséquences bien funestes, et que toute question de privilége et de protection administrative, en dehors de la légalité, doit disparaître, si réellement on veut protéger, sauvegarder l'intérêt des consommateurs.

Afin de bien faire comprendre l'intérêt immense qui se rattache à cette question, nous ferons remarquer que, instantanément et infailliblement, toutes mesures, bases et réglementations adoptées pour Paris ont une influence sur toutes les contrées de la France, en Algérie même; qu'à Paris est le foyer, le point de départ de tout ce qui est spéculation, convoitise, jeu, et que l'action de ce qui se passe au *carreau* de la halle aux blés et farines, pour les céréales, est la même que celles qu'exercent sur les fonds publics, le *parquet* à la Bourse et ses bulletins quotidiens.

Ce n'est point un intérêt local et purement du consommateur parisien qui se trouve engagé, mais l'intérêt de tous les Français. Il importe donc que pour l'approvisionnement de cette cité, des mesures saines, justes et protectrices soient adoptées.

Nous croyons que la question a singulièrement été rétrécie, mal posée, en la reportant, avant tout, à la position personnelle et actuelle d'un grand nombre de titulaires de fonds de boulangerie et de garçons boulangers : les premiers, au nombre de *six cents*; les seconds, de *deux mille* environ.

Ce qu'il importe avant tout, c'est de garantir les droits, les intérêts de tous, de développer les moyens de productions à bas prix et d'assurer l'observation des règles hygiéniques.

Nous devons aussi nous attacher aux mesures de prudence, de prévoyance, assurer des approvisionnements et nous affranchir des effets de la spéculation et de l'agiotage.

On ne saurait facilement établir comment et pourquoi le métier de faire le pain (la boulangerie) est devenu une profession exceptionnelle; comment il a résisté au principe consacré de la *liberté*, du *droit* commun ; comment enfin l'action de l'autorité s'y est fait jour et a, par des règlements et mesures successifs, modifié et limité son exercice.

Deux faits nous apparaissent :

A mesure que nous voyons les pouvoirs, soit municipaux, soit gouvernementaux, intervenir et multiplier les règlements, le prix du pain augmente, le commerce des grains s'étend en plus de mains, se divise : la spéculation s'organise, la passion du jeu s'étend sur les blés et surtout sur les farines, et absorbe des différences énormes.

La boulangerie s'abrite sous les lois et règlements qu'on lui crée, se constitue en corporation, se consolide, forme un syndicat pris dans son sein, qui a mission spéciale de sauvegarder et étendre ses prérogatives ; elle a un travail et des produits limités, partagés ; elle est stationnaire, routinière, n'éprouve pas le besoin de progresser, ne provoque nulle amélioration, se contente de la part des bénéfices que lui confère l'autorité, et aussi de celle qu'elle peut lui dissimuler..... et impose arbitrairement ses produits au consommateur ; tandis que sous le régime de la liberté, du droit commun, et par la puissance des efforts et de l'intellignce, nous voyons toutes les autres industries faire des progrès immenses, livrer à la consommation des produits toujours supérieurs en qualité, toujours réduits de prix ; simplifier, améliorer leurs agents producteurs.

Encore, en ce moment, nous subissons ces funestes conséquences. Le droit de faire et de vendre le pain à Paris est confié à *six cents* privilégiés ; nul autre, pût-il infiniment mieux faire, n'a le droit d'intervenir.

Le prix est selon ce que décide la préfecture de police.

Pour que des positions exceptionnelles soient admises

et maintenues, il faut que leur utilité soit reconnue, basée sur des services rendus, des bienfaits acquis à l'intérêt général, et que rien de mieux, de comparable, ne puisse y être substitué.

Nous ne voyons rien de cela dans le régime en vigueur; nous voyons, au contraire, *oppression*, *capitation*, imprévoyance et désastres pour les masses.

C'est ici le moment de dire que derrière cet intérêt de la boulangerie que l'on met en avant, il se cache des intérêts bien plus puissants, plus nombreux et beaucoup plus dangereux.

Nous voulons parler de la coterie si nombreuse des meuniers détenteurs, intermédiaires, spéculateurs, joueurs, qui surgissent de toutes parts, s'appesantissent lourdement sur les rouages de cette vieille machine et absorbent une part énorme que le public est appelé à sortir de sa poche.

Ne serait-il pas temps que ces traficants disparussent, que la machine fût simplifiée et pût marcher facilement ?

Ne devons-nous pas chercher à détruire ces marchés fictifs, ces déclarations mensongères que, malgré elle, l'autorité enregistre, ces combinaisons de hausse et de baisse toujours tentées dans des vues déplorables? Il est bien temps de rentrer dans les limites d'une modération équitable, de moraliser les cours et d'adopter pour régulateur l'intérêt public.

Cela n'est possible qu'à la condition de laisser à *l'impulsion de chacun* un libre cours, et surtout de supprimer *la taxe périodique* du pain, question sur laquelle nous nous étendrons plus longuement.

Des produits de la boulangerie et de son travail.

Il existe à Paris un seul établissement qui soit remarquable et qui ait des résultats bons et réguliers : c'est la boulangerie des hospices de Paris.

Là, cinq fours sont constamment en travail et sont parfaitement établis : le service des hommes n'a rien de pénible parce qu'il se succède après huit heures de travail. Les dépenses sont calculées, régulières : aussi on a pu parvenir à avoir dans les rendements une exactitude et une régularité parfaites. On y fait le pain de 1re et de 2e qualité avec perfection. Un pétrin mécanique, dû au travail ingénieux de M. Boland, boulanger éclairé, fonctionne avec beaucoup d'avantages, et ôte à l'homme un travail pénible en même temps qu'il *purifie* la pâte.

Les règles adoptées et exigées pour les rendements de farine en pain sont celles-ci :

100 kil. de farine 1re qualité donnent en pain également 1re qualité et du poids de 1/2 à 1 kil., 133.50, et en pain du poids de 2 à 3 kil., 140, *minimum*. Pour le pain de 2e qualité, le rendement est plus fort ; la commune est donc de 136 0/0. Il est admis aussi, comme règle, que, à la monture, le blé perd 20 0/0.

Jusqu'à ce jour, nous n'avons rien vu de plus parfait que cet établissement.

Cependant de grandes améliorations sont reconnues possibles : un plus grand nombre de pétrins mécaniques, l'action de la vapeur, et surtout l'établissement de fours reconnus supérieurs et économiques, contribueraient à produire un résultat plus grand, plus économique.

Pour cela, une dépense de 40,000 fr. reconnue utile

est votée depuis plusieurs années, et, chose incroyable, ne peut s'effectuer.

Un homme de cœur et d'intelligence, M. Férand, qui a donné son nom au système de four qu'il y a construit, a contribué puissamment à ces résultats : il a eu l'espérance de compléter cette œuvre commencée par lui, et cependant il attend ; et pour vivre il a été réduit à chercher un abri contre la misère, un asile pour sa vieillesse dans un hospice de la vieillesse.... Triste récompense réservée aux hommes de génie, témoignage d'ingratitude trop fréquent dans notre siècle.

Puissent ces quelques regrets lui apporter un peu de soulagement et lui être favorables !

Il existe encore à Paris deux grands établissements, l'un aux invalides militaires, l'autre aux subsistances militaires.

Au premier, la fourniture du pain se fait par adjudication ; mais l'adjudicataire est tenu de faire le pain dans l'établissement et de se servir du matériel qui s'y trouve; or, le matériel est encore ce qu'il était dans l'origine ; il se trouve dans les conditions les plus déplorables pour un travail avantageux et économique, de sorte que le pain s'y fait mal et à un prix élevé. L'adjudication se renouvelant chaque année, il en résulte que celui qui la prend ne sait pas s'il la continuera plus longtemps et ne peut faire aucune dépense pour améliorer le matériel dont il est obligé de se servir.

Nous trouvons aux Subsistances militaires des habitudes bien plus déplorables, des abus plus graves. On n'a point osé inscrire sur la porte : *Défense au progrès, au novateur d'entrer ici*, protection, foi entière *aux abus*, respect aux positions acquises ; mais ces consignes sont scrupuleusement observées.

Cet établissement contient meunerie et boulangerie, grenier à blé.

Nous nous abstiendrons de toute réflexion sur la qualité du grain, le mode de l'acheter: cela n'entre pas dans la limite que nous nous sommes tracée; mais nous dirons, ce qui du reste est connu, que le pain que le soldat mange est le plus détestable et le plus mal fait, quoique coûtant fort cher à l'Etat.

Cela se comprend facilement : mouture très-défectueuse, parce que les blés sont mal nettoyés, parce qu'on exige des meules un travail exagéré, que l'on n'en obtient qu'une farine brûlée, ayant perdu son essence nutritive par la destruction ou la dénaturalisation du gluten; parce que les sons sont passés, repassés sous les meules afin de pouvoir rentrer dans la farine.

Conversion en pain le plus brièvement possible; travail toujours mal fait; cuisson difficile, à cause de l'humidité laissée dans le pain, afin de lui conserver son poids, et toujours imparfaite.

Aussi ce pain digère difficilement, cause de fréquentes indispositions : il est moisi et n'est plus mangeable au bout de peu de temps d'existence.

Il n'est pas étonnant que le pauvre soldat le rejette comme mauvais aliment et emploie ses faibles ressources à s'en procurer d'autre.

Aussi, est-ce avec satisfaction que nous avons vu M. le ministre de la guerre, au mois de février dernier, ordonner de nouvelles études. Mais là doivent périr toutes tentatives d'améliorations : l'administration, l'intrigue, y mettent leur *veto* suprême.

Point d'autres établissements exceptionnels.

Nous abordons les établissements particuliers, au nombre de six cents. La consommation, par chaque établissement, est en commune de 3 sacs 1/2 de farine, de chacun 157 kilogrammes, par jour. Le prix de chaque sac étant aussi en commune de 45 à 50 fr., il en résulte que chaque établissement doit se couvrir de tous frais et bénéfices avec une dépense en achats journaliers de 175 fr., soit par année, 60 à 65,000 fr.

Cependant les frais de chaque boulangerie excèdent 20,000 fr., beaucoup sont bien plus considérables, et les bénéfices sont toujours en commune de 8 à 12,000 fr.

La limitation des boulangeries et leur décroissance continuelle ont donné une valeur commune à chaque fonds de 50 à 60,000 fr.; beaucoup plus pour quelques-uns.

La question du prix de vente étant la plus importante, nous allons la traiter, la prendre dans des preuves et appréciations tout à fait actuelles.

Depuis environ six mois, les relevés des cours régulateurs pour la vente du blé donnent une commune de 14 à 15 fr. Mais les cours sont toujours un peu au-dessus de la généralité des ventes. Il est notoire que dans tout le rayon d'approvisionnement de Paris, on a eu et on a encore le blé à 12 fr. l'hectolitre de 74 à 76 kilogrammes. Dans bien des contrées il est à 10 fr.

Cependant nous adoptons pour base le prix de 14 fr.,

ce qui établit pour un kilo un prix de. .	0 fr. 10
Mais, comme nous l'avons établi tout à l'heure, le blé perd à l'action de la mouture 20 0/0, et comme aussi 100 kil. de farine gagnent à leur conversion en pain 36 0/0, il ressort un bénéfice ou boni en faveur du blé de 9 0/0, qui vient diminuer son prix d'achat et réduit le kilo de	19 à 17c 10
Dans cette même période le pain de 2 kil. a toujours été taxé pour 1 kil. à.	27
Différence.	9 90

C'est-à-dire que le pain qui émane du blé a coûté 0 fr. 27 le kilo, tandis que ce blé ne revenait qu'à 17 10, ce qui fait un excédant de *cinquante-huit pour cent.*

Mais là n'est pas toute la différence : la taxe n'atteint que le pain dit de ménage, et le poids exact n'est exigible, obligatoire que pour cette forme de pain.

L'autre pain, appelé pain de luxe, de fantaisie, est affranchi de la rigueur du poids et ne doit pas être frappé par la taxe : il se vend 10 et 17 centimes de plus par kilo ; selon le degré de fractionnement, et cela constitue un bénéfice excédant de 12 à 15 0/0 ; comme aussi le poids en est réduit au moins de 120 à 130 grammes par kilo; cela constitue un troisième bénéfice de 12 à 15 0/0.

En ayant soin de n'avoir jamais à rendre les fractions sur la monnaie, ce qui arrive toujours, le vendeur trouve à ajouter encore à ces trois bénéfices ; tout cela constitue une différence de 80 à 85 0/0.

Nous devons dire que la différence la plus forte, celle de 58 0/0, se répartit entre boulangers, meuniers, intermédiaires, etc., etc. ; c'est là l'état ordinaire.

Nous nous abstiendrons de parler ici des moyens de fraude et sophistication qui peuvent être employés, soit par le meunier, soit par le boulanger. Ces fraudes n'auraient pas de résultats tentants dans les temps de calme et de bas prix.

On peut donc le reconnaître, les formalités de poids et de taxes n'atteignent que faiblement la production du pain ; et si ces mesures sont rigoureuses, on sait les éluder. Il se comprend que la boulangerie ait mis tout son art, toute sa séduction dans le développement du pain de fantaisie ; car plus elle en fait, plus elle gagne. Mais par cette raison elle a été amenée à négliger le pain de 2 kil., assujetti au poids et taxé ; elle est arrivée à n'en faire que peu et malgré elle : afin d'en détourner l'acheteur, elle y emploie des farines inférieures et produit une mauvaise qualité. Par les mêmes motifs, les boulangers s'abstiennent tous de faire un pain de *deuxième* qualité, quoique ce pain leur soit prescrit ; ils l'ont fait si mal, si mauvais, que le consommateur le plus malheureux y a renoncé.

Pendant quelque temps, l'administration des hospices a donné à ces boulangers de la farine très bonne pour la fabrication de ce pain, et pour que les bons qu'elle distribuait par les bureaux de bienfaisance pussent être échangés ; il arrivait que cette farine n'était pas employée pure ; le pain était mauvais, et le pauvre, pour obtenir l'échange de son bon de pain 2me en pain 1re, transigeait avec le boulanger. C'était encore un moyen de spéculation. (Ceci est consigné dans un mémoire présenté par les boulangers au préfet, et redigé par M. Bethmont.)

On le voit, plus la consommation descend dans les classes peu aisées, malheureuses, plus elle est maltraitée, plus il y a *captation*.

On comprend que la consommation étant divisée, partagée, les effets et les résultats soient les mêmes partout, ce qui fait que le changement ne produit rien.

Cette disposition à faire de la consommation du pain une question de luxe, a des conséquences qui échappent à l'attention : elle a altéré le principe de la panification saine, nutritive et profitable ; on ne trouve plus au pain le goût délicat de la noisette ; il est submergé, fouetté, et reste sans saveur ; il n'est agréable que lorsqu'il est tout sortant du four. Après 12 heures il est sec ; après 24 heures il devient dur, détestable : on ne peut donc le manger que tendre, et alors il n'est pas d'une digestion facile pour tous les estomacs, et la consommation en est plus forte ; il n'y a pas d'économie.

On a parlé des progrès obtenus dans la meunerie, cela n'est point exact. On ne fait plus cette farine ronde qui conservait tout le parfum, toute la substance alimentaire que contient le blé, et avec laquelle on avait le bon pain au goût de noisette.

On obtient, il est vrai, par la mouture dite anglaise une farine plus blanche, plus fine, plus divisible ; mais aussi altérée, desséchée, quelquefois brûlée. On la nomme farine du commerce, parce qu'elle plaît davantage à l'œil. Cela peut être de l'artifice, de l'art, mais non pas du progrès.

Le travail du boulanger n'est point en progrès ; il a dégénéré ; les bonnes traditions n'existent plus ; tout est consacré au luxe, à l'apparat.

Pourquoi le boulanger chercherait-il à perfectionner ; pourquoi substituerait-il un système, un instrument à un autre, puisque son bénéfice lui est assuré, puisque sa consommation est réglée, puisqu'il est certain de n'avoir point à redouter la concurrence ni la supériorité de ses confrères, puisqu'enfin nul ne peut, ne doit vendre à plus bas prix, mieux faire? Qu'il reste donc stationnaire, ignorant, égoïste tant que cela lui sera permis, puisque le public a besoin de lui tous les matins, et ne saurait trouver mieux.

Cependant, si nos regards, satisfaits par l'éclat de leurs boutiques, par le vernis donné au pain, pénétraient dans le fond des fournils ; si on se rendait compte de ce travail pénible et grossier, de la malpropreté, de l'insalubrité, qui président à sa préparation, on éprouverait une répugnance légitime.

Là, ce sont des farines compromises par un lieu concentré, humide ou trop sec ; un réservoir d'eau qui n'est jamais changée, des fournils sans air, sans espace, voisins de lieux infects.

Celui-ci emploie la méthode américaine, celui-là la méthode anglaise, afin d'obtenir un travail plus prompt, plus productif.

Des hommes nus, suants, maladifs, sont en contact avec ce qui nous nourrit.

Depuis que la disette imaginaire de 1846 a excité l'envie et donné l'habitude des mélanges et compositions, on a vu quelques charlatans empiriques propager des méthodes, des recettes, composer des breuvages qui font gonfler les farines et produire davantage; ils ont trouvé créance chez bon nombre de boulangers, qui ont adopté ces compositions d'un apprêt sale, malsaines, nuisibles, mais qui leur profitent. Disons aussi que quelques boulangers consciencieux et amis de leur travail ont repoussé ces moyens.

Sur 600 boulangers, plus de 400 ignorent la moindre notion du travail du pain.

Cependant ils doivent tous, aux termes des règlements, n'être admis qu'après avoir fait preuve de capacité; toujours on élude avec facilité les clauses comminatoires de ces règlements.

Des Garçons boulangers.

La classe nombreuse de garçons boulangers occupe une position trop importante dans la question que nous traitons, pour que nous ne lui consacrions pas une grande attention et un chapitre spécial.

A l'instar des maîtres boulangers, leurs patrons, ils se sont constitués en corporation; ils ont leur syndicat, leurs lois et règlements; déjà nous avons dit que le nombre pouvait en être à Paris de 2,000, peut-être 2,400.

Des collisions nombreuses, des conflits sérieux surgissent fréquemment de ces deux pouvoirs et viennent menacer la régularité du service. L'autorité s'en est émue. Elle a pu jusqu'alors intervenir et arrêter le mal ; mais les causes subsistent, le danger reste imminent, chaque intervention est un remède du moment, un rapprochement sans consistance ; il serait bien utile de trouver à cette position si précaire un remède durable. Cela ne nous paraît possible que par une réforme radicale.

Les causes de ces scissions ont toujours pour effet l'intérêt privé. Le boulanger voudrait être maître chez lui, diriger son travail et le payer le moins possible. Le garçon boulanger se croit indispensable ; il est exigeant, veut imposer et le mode de travail et les prix et conditions arrêtés en commun et jurés par tous.

Cette situation est une des plaies les plus vulnérables de la boulangerie ; car, alors qu'un maître est obligé de se conformer aux prescriptions que lui impose la masse des bras dont il a besoin, il n'a plus d'action et perd toute autorité.

C'est dans cette situation que se trouve la cause principale de toute exclusion de systèmes nouveaux et devant produire mieux et à meilleur compte.

Le garçon boulanger a toujours vu et voit encore dans la moindre modification une atteinte portée à sa prérogative, une menace contre ses intérêts, son existence, et c'est pour repousser tous moyens neufs, tous changements, qu'il s'est constitué en corps et a cherché à opposer sa puissance à celle du boulanger. Il y a réussi complétement ; car le boulanger éclairé, intelligent (et il s'en trouve), qui voudrait introduire dans son travail une amélioration réelle, bonne pour le public, ne le pourrait pas sans être menacé d'être interdit.

Cet arbitraire tient à l'ignorance profonde dans laquelle est encore plongée cette classe de garçons boulangers, à la vie exceptionnelle qu'elle mène, au travail pénible et dangereux qu'elle fait. Il faut donc l'en affranchir, et, malgré elle, améliorer sa position.

Ces malheureux passent toutes les nuits, renfermés dans une cave étroite, privée d'air, à tous égards malsaine ; ils y font un travail pénible, dur, qui les met dans un état continuel d'excitation, de transpiration ; leur estomac est desséché par les évaporations de folle farine qui pénètrent dans tout leur corps ; ils sortent de cet endroit le matin, fatigués, épuisés, exposés à tous les dangers d'une transition de l'air. Leur premier soin est de se reconforter, boire le vin blanc, habitude funeste qui les entraîne à l'intempérance et leur rend le repos du jour difficile. Ils dorment peu ou mal et n'ont point de repos... Souvent, après une journée passée dans le désordre, l'agitation, ils reprennent le travail qu'ils ont quitté le matin. Que peuvent-ils faire en cet état ? Rien de bon, rien de profitable. Celui qui, alors qu'il était bien disposé et jouissait de toutes ses facultés, a pu produire 110 pains de 2 kil. avec un sac de farine, n'en produira pas 100, lorsque son travail aura été fait dans un état de fatigue, de malaise et d'impuissance ; et malheureusement moins il produira, moins bien il aura fait. Telles sont les conséquences que subit le boulanger, et aussi le consommateur.

Et c'est à une époque de progrès, de civilisation, que des hommes restent attachés à un travail si misérable, s'y cramponnent avec aveuglement, alors qu'ils pourraient l'éviter !

Il y a dans l'examen de ces faits une haute question d'humanité et de moralité, car la tenue de ces hommes, leur aspect blesse la pudeur.

Plus loin et dans nos conclusions, nous indiquerons le moyen de guérir ces maux.

La Taxe du pain.

La taxe du pain doit être la mesure ou la plus opportune, la plus salutaire, ou la plus inopportune, la plus fausse que l'on puisse adopter : elle est l'action la plus influente, la plus caractérisée de l'administration.

Elle serait juste et bonne si elle pouvait être prise dans une appréciation exacte, si elle écartait tout moyen de fraude, et si elle était basée sur le prix réel de la production du travail.

Elle est impopulaire et injuste, parce qu'elle est toujours le résultat d'une appréciation inexacte, insaisissable, parce qu'elle est toujours influencée par des intérêts privés, parce que les cours qui la déterminent sont mensongers, fictifs, et surtout parce qu'elle favorise et développe la spéculation, l'agiotage et le jeu. Elle s'écarte donc entièrement du but qu'elle se promet. Pratiquement, elle nivelle toutes les intelligences, en assurant à l'incapable les résultats qu'elle a limités et qu'elle défend à l'homme supérieur de franchir; elle étouffe le principe de liberté.

Pour la bien préciser, il faudrait un pouvoir, une puissance planant sur toutes les intelligences, pénétrant tous les mystères, écartant toutes pensées privées, et voyant toujours juste et infailliblement. Cela ne saurait se rencontrer : l'application en est confiée à la préfecture de police, c'est-à-dire à la sagacité du chef de la division des subsistances, qui adopte pour base les cours *déclarés* au bureau chargé de les recueillir.

Ces déclarations sont faites par les vendeurs, et rien

n'indique qu'elles soient sincères; cependant elles sont enregistrées comme telles.

Les opérations ou ventes réelles de farines qui sont faites à la halle, ne représentent pas le quart de la consommation; mais il s'y traite beaucoup de marchés à termes et fictifs qui se règlent par des différences, et souvent ces ventes figurent dans les *déclarations officielles!* On comprend toutes les passions, tous les intérêts divers qui se trouvent en jeu, tous les artifices employés pour obtenir un cours favorable à ces enjeux..... Eh bien! c'est là, au milieu de ce gâchis, de ce tripot, que se recrutent les documents qui déterminent le prix qui sera fixé pour le pain pendant une quinzaine, pour ensuite recommencer.

C'est du blé qu'émane le pain; sa conversion en farine n'est qu'un travail, une manipulation très-appréciable. Cependant c'est sur les cours des farines que l'on détermine la taxe, parce que c'est généralement sur les farines que se portent la spéculation et le jeu.

L'intérêt du consommateur, trop indifférent, est constamment dominé, absorbé par l'intérêt de quelques-uns qui se réunissent pour le capter.

Une mesure si importante, applicable à un si grand nombre, est livrée à l'arbitrage d'un seul homme, qui n'aura jamais soit assez de lumières et de capacités pour bien apprécier, soit assez de jugement pour discerner le vrai d'avec le faux, de fermeté et de probité pour résister aux manœuvres et aux séductions qui sont au pouvoir de ceux qui veulent l'entraîner dans l'erreur.

Nous ne voyons rien à ajouter à ce tableau, si ce n'est de le certifier vrai et sincère.

Par ce qui précède, nous croyons avoir établi la situation bien déplorable dans laquelle se trouve la production du pain.

Nous dirons à l'autorité : Vous êtes intervenue ; vous vous êtes emparée d'une production, la plus utile ; d'une consommation, la plus considérable ; toujours régulière, assurée et exempte de toutes chances aléatoires. Qu'en avez-vous fait? quels résultats favorables avez-vous obtenus?...

Vous avez eu pour pensée de favoriser l'intérêt du consommateur ; vous l'avez onéré. Vous avez cru agir avec prudence et prévoyance, et vous vous êtes laissé surprendre par de mauvaises récoltes ; vous n'avez pu ni prévenir ni combattre les effets qui ont organisé des disettes factices, qui ont élevé les cours de plus de *cent pour cent*, alors que le déficit n'atteignait pas *dix pour cent*. Vous n'avez point su empêcher les sophistications et les fraudes, vous les avez tolérées ; et à cet égard, les maux passés n'ont pas éclairé votre sollicitude, car vous êtes encore dans la même imprévoyance, dans la même impuissance (1).

Vous avez réglementé, organisé, usurpé des pouvoirs que la loi et le droit commun ne vous accordaient pas, et vous n'avez eu pour résultat que de favoriser l'intrigue, de toujours écarter les cours de leur point de départ, et d'aggraver la position du pauvre.

Vous avez maintenu des priviléges qui ont créé des fortunes privées aux dépens du bien-être public.

Vous n'avez point amélioré, vous avez tué tout germe de bien et d'émulation.

(1) La disette factice de 1846-1847 a coûté à la ville de Paris plus de 7 millions, qu'elle a dépensés en bons de pain, en payant ce qui excédait le prix de 80 c. pour un pain de 2 kil., pour les familles inscrites sur les

Vous avez laissé prendre du code que vous imposiez tout ce qui favorisait une position exceptionnelle, et vous n'avez pas su faire observer et respecter les articles d'obligation et de pénalité.

Vous avez étouffé les seuls éléments d'une production bienveillante et généreuse : la liberté et l'émulation.

Vous avez servi de marchepied à la fortune et au bien-être de quelques spéculateurs habiles et hardis; vous avez, dans des temps de misère et de calamité, facilité l'agglomération des capitaux et des efforts de quelques-uns, pour attaquer et prélever sur les souffrances du plus grand nombre.

De grâce, et pour l'amour du peuple, abandonnez

registres de la mendicité. Ces 7 millions, la ville les a pris à Pierre pour les donner à Paul, mais elle n'a produit avec aucun bien réel : elle les a donnés réellement *en prime* à la spéculation ; elle a, en les dépensant ainsi, jeté de l'huile sur l'incendie. C'est là ce qu'elle a fait de plus clair.

Elle a secouru en effet deux ou trois cent mille pauvres ou inscrits pour tels sur les registres; mais à côté de ce nombre, elle a laissé cinq ou six cent mille malheureux, honteux, nécessiteux, trop fiers pour tendre la main ; elle a obligé un grand nombre d'ouvriers, de petits employés, à consacrer toutes leurs ressources pour payer le pain (souvent mauvais) 1 fr. 20 à 1 fr. 30.

Elle pouvait agir tout différemment et obtenir un tout autre résultat : si, au lieu de disséminer ainsi ses 7 millions, elle les eût employés à combattre la hausse, à provoquer la baisse, à faire venir concurremment des grains, des farines, et à les faire convertir en pains et distribuer dans des conditions de santé et d'économie, alors il y aurait eu bienfaits et secours éclairés pour tous *indistinctement*, et le pain n'aurait jamais atteint 1 fr. Elle aurait de même dépensé 7 millions, mais il y aurait eu pour la consommation générale une économie immense et bien des misères soulagées; toute la France aussi se serait ressentie de ces actes d'une administration qui aurait ainsi dominé la situation, au lieu de lui céder.

Encore en des années d'abondance, la ville dépense, en bons de pains, plus de 2 à 3 millions de francs, sur lesquels elle gagnerait un tiers en économie, beaucoup en amélioration de qualité, si elle adoptait nos idées.

cette triste prérogative; laissez tomber de votre main cette arme qu'elle ne sait pas manier, et laissez aux vrais principes le soin du bien-être que vous ne sauriez accorder.

Laissez cette question des subsistances grandir et se développer avec nos institutions, nos progrès et notre civilisation.

Ne voyez-vous pas que tout change, s'améliore et marche rapidement; que nos voies si étendues et si promptes de communications rendent les échanges faciles, les disettes impossibles, et les exagérations de cours impuissantes?

Cette industrie que vous avez tenue entre vos mains, et que vous voudriez conserver, elle est toute maladive, épuisée; ses produits sont chétifs, bien imparfaits, et cependant c'est la plus grande, la plus utile de toutes : accordez-lui le principe de la liberté.

Bornez votre intervention dans des limites déterminées et d'intérêt public, ainsi que cela s'exerce pour d'autres professions.

Alors le prix du pain baissera, et se tiendra toujours en équilibre avec celui du blé; alors disparaîtront tous intermédiaires ruineux, toute influence spéculative; alors le travail de la panification sera amélioré, épuré par l'action de moyens mécaniques éclairés et puissants; l'homme sera dégagé de ce labeur si dur et qui l'abrutit, et il ne restera pas moins utile et attaché à son industrie.

La famille économe et malheureuse pourra obtenir un pain de qualité secondaire, mais bonne et nourrissante; l'intérêt des masses sera respecté, et les améliorations s'introduiront à mesure qu'elles se présenteront, et ne seront pas systématiquement repoussées.

Peut-être, et cela est bien désirable, il se formera des

compagnies puissantes qui, aidées du concours de personnes humaines et charitables, adopteront pour principe le travail dans l'intérêt des masses et limité dans ses bénéfices, et assureront à la consommation des cours réguliers et modestes, des approvisionnements considérables.

Au point où nous en sommes, tout est problème et à créer pour ce qui est de l'approvisionnement et de la conservation des grains; c'est cependant un point fort important. Nous pouvons affirmer qu'en France il se perd plus de cent trente *millions* de blés par an, qui sont dévorés et détruits par le charançon et la vermine (document fourni par le ministère de l'agriculture). Cependant les moyens de préservation et de conservation existent, sont connus; mais ils restent inappliqués, parce que ce commerce a toujours été mal compris. Il n'y a que de puissants efforts, ayant tous un seul but, qui puissent les appliquer.

Les réformes que nous proposons conduiraient à ce résultat.

L'administration croit avoir beaucoup fait en prescrivant un approvisionnement en farines pour vingt à vingt-cinq jours; mais encore cette mesure reste inappliquée le plus souvent, et les conditions d'approvisionnements sont tellement mauvaises, que le séjour des farines dans les lieux prescrits les altère et les perd promptement; et, nous le demandons, quelle est l'industrie la plus minime, la plus restreinte dans son action, qui ne présente des garanties d'emmagasinage bien plus considérables?

C'est sans réflexions, ou par ignorance de l'esprit commercial qui se porte sur tout, que l'on a dit et pensé que si la boulangerie n'était plus protégée, elle périrait, et que le public serait à tout instant exposé à manquer de pain. Ces craintes sont imaginaires et n'ont rien de sérieux.

Vous ne pouvez imposer une obligation, créer une charge, sans placer à côté une compensation. Eh bien, sachez-le, ce que vous accordez, ce que l'on vous arrache vaut toujours beaucoup mieux que ce que vous *restreignez* ou *imposez*; vous êtes donc victimes ou dupes, et vous nuisez à la consommation au lieu de la servir.

Il n'y a de véritable moyen de provoquer les approvisionnements, qu'en donnant aux cours la fixité, la moralité qui leur manquent, qu'en appelant la confiance et la probité, là où il n'y a que ruses et déceptions.

Quel que soit le besoin, il trouve toujours à se satisfaire; quelle que soit la rareté, le prix élevé d'une denrée, on se la procure toujours. Le vin, la viande, la pomme de terre, le riz, etc., etc., ne manquent jamais à l'homme, non plus que l'avoine au cheval; cependant rien de cela n'est réglementé.

Nous avons de cela des exemples frappants, et nous citerons l'Angleterre, où tout est libre et livré à la pensée, à l'action des hommes; cependant on trouve toujours à Londres tout ce qu'il faut à la vie.

Sans doute, la transition ne sera pas immédiatement radicale : elle s'opérera successivement et sans secousses.

Nous avons dit que des moyens de production meilleurs et plus économiques existaient et étaient expérimentés. Nous avons cité un four perfectionné de M. Féraud, et un pétrin mécanique de M. Boland, boulanger, qui fonctionnent à la boulangerie des hospices.

Nous devons encore citer le four en fonte de M. Covlet, qui fonctionne admirablement à Saint-Ouen, près Paris, et présente de grands avantages économiques et pratiques; un autre pétrin mécanique fort bien combiné, que M. Fléchel, boulanger à Paris, rue Neuve-Saint-

Martin, a inventé et perfectionné après de longues études, et dont il se sert journellement à sa boulangerie.

C'est par la réunion, la concentration et l'action étendue de tous ces agents que l'on peut arriver à de grands résultats.

La conséquence sera : réduction du nombre des fours isolés, économie dans la production, augmentation considérable de lieux de vente et de débit de pain, comme aussi suppression de la puissance meunière, qui ne devra plus être qu'une action productive et de main-d'œuvre, et perdra son influence et sa prérogative si chèrement payées.

Nous dirons avec l'honorable M. Dupin, dans son rapport sur l'Algérie :

« Lorsque des mesures imprévoyantes et mal combi-
» nées ont produit sur les objets nécessaires à la nourri-
» ture d'un peuple des effets contraires au but même
» qu'on s'était proposé d'atteindre ; lorsque ces mesures
» n'ont pu empêcher de renchérir les aliments d'absolue
» nécessité, le premier soin du législateur doit être de
» porter remède à ce détriment.

» Nous demandons qu'on établisse, en principe, la
» liberté de la boulangerie dans toutes les contrées de
» France. Aucune mesure ne saurait excuser l'autorité
» de n'avoir pas déjà pris cette mesure, que commandent
» à la fois la politique et l'humanité. »

Ce que nous disions et écrivions sur la boulangerie il y a quelques mois, nous le reproduisons ici avec plus de force et de convictions, car nous avons recueilli depuis lors de puissants et nombreux témoignages de vérité et d'encouragement ; nous ne redoutons aucune contradiction sérieuse.

Nous le déclarons, il y a plus de 25 0/0 à retrancher, seulement sur la *main-d'œuvre* et comme argent, et on doit aussi attendre beaucoup dans l'amélioration de qualité.

L'importance de cette question est immense, car elle peut, elle doit s'étendre insensiblement et rapidement sur toute la France, car partout les mêmes causes d'abus, les mêmes faits déplorables subsistent.

Dans un espace rapproché, on verrait la production saine et économique du pain s'étendre, même au fond des campagnes, et là où on n'a en ce moment qu'un pain inférieur, qui revient au particulier qui croit le faire avec économie, à un prix élevé en raison des frais de mouture, de dépréciation et de perte de temps, pain qui perd de son essence nutritive avec le temps et bien avant que la fournée ait été consommée, on s'en procurerait un bien supérieur, renouvelé tous les deux à quatre jours et qui nourrirait beaucoup plus; les avantages seraient immenses, et la production du sol, loin d'y perdre, y gagnerait.

Assurément, cette conversion ne serait pas immédiate, et les intérêts alors existants qu'elle viendrait froisser ne seraient pas renversés tout à coup. Chacun sait combien les réformes marchent lentement, et nous n'estimons pas à moins de *vingt ans* ce qu'il faudrait à ce système pour se développer complétement. Mais l'économie annuelle serait de plusieurs *cents* millions, et pour cela il faut une impulsion qui ne peut venir que des grandes cités. C'est pourquoi nous insisterons pour que l'administration municipale de Paris étudie notre projet, et donne à son exécution tout l'appui et la protection qu'il mérite.

Malgré l'indifférence bien démontrée du Conseil pour les questions économiques et populaires, et les grandes difficultés qui se présentent pour aborder ce Conseil, nous ne perdrons pas courage et nous insisterons.

Notre système d'*organisation* de magasins de réserves et de conservation donnera une impulsion immense à la production du pain, et le rendra partout à bas prix et de qualité améliorée.

SOLUTION.

La pensée que nous venons d'exprimer forme un projet vaste, un ensemble qui s'étend à tous grains, farines, pain, consommation, agriculture, propriété du sol, production, industrie.

Incontestablement nous avons soulevé la question économique la plus vaste comme la plus brûlante ; nous croyons lui avoir donné une solution heureuse, facile dans son application et féconde dans ses résultats. Ce plan de crédit ne saurait se confondre avec le crédit hypothécaire, dont il est cependant le corollaire.

Le crédit hypothécaire prête de l'argent au propriétaire du sol, qui lui apporte en gage une terre libre, c'est-à-dire dégagée de toutes charges : là se borne son action.

Le crédit des administrations de réserve et de dépôt procure des capitaux non-seulement au propriétaire-cultivateur, mais aussi à celui qui ne possède pas de sol, mais qui cultive et récolte ; il assure toujours un placement, une vente à toute production agricole ; il offre son intervention pour conserver les grains et leur enlever les causes de dépréciation et de destruction, et par là il augmente l'actif du détenteur, comme aussi il fournit à la consommation une quantité plus forte d'aliments : il enrichit la société.

Il pousse le mouvement du progrès, des améliorations, chasse la routine et l'ignorance, et provoque l'ardeur et l'intelligence. Partout où il se pose, il ammène l'aisance et la richesse.

Cette combinaison a une importance, une grandeur incalculables et qui peuvent d'abord effrayer ; cependant elle est saine, sagement conçue !!

Nous la produisons au grand jour avec confiance et réserve, recherchant la lumière et la vérité, et prêt à abandonner ce que nous croyons de mérite à son initiative, alors qu'il nous aura été démontré que nous nous sommes trompé ou qu'il y a encore quelque chose de mieux à faire, satisfait que nous serons si nous avons pu faire avancer le mouvement si lent du progrès.

Si nous comparons ce que produit notre sol avec ce que nos voisins de différents points retirent du leur, nous voyons que nous avons beaucoup à faire, et cependant notre sol est un des plus heureusement appropriés, un des plus féconds ; cependant nous ne le cédons en rien aux autres peuples pour notre activité et notre intelligence. Que nous manque-t-il donc ? *une impulsion !* Une impulsion forte et bien dirigée ne se trouve que dans le développement du crédit et l'application du système des greniers de réserve, de dépôt et de prévoyance. — De là découleront toutes les autres grandes réformes.

Nous nous abstiendrons d'établir des statistiques presque toujours inexactes, de poser des chiffres, pour appuyer nos raisonnements. Nous nous bornerons à dire qu'avant peu la production aura acquis un accroissement considérable ; que pour obtenir 10 et 12 de ce qui rend à peine 8, il n'y a presque rien à faire, que peu à dépenser; mais que seulement il faut vouloir et agir, ne pas se porter vers le passé, mais aller de l'avant, ne point respecter de vieilles idées, des positions, des intérêts égoïstes, jaloux et toujours et de plus en plus avides, mais les combattre, détourner leur influence, car elle est coupable.

Nous le répétons, tout aussitôt que les pouvoirs qui nous gouvernent le voudront, tout cela se fera. C'est de l'Etat seul que peuvent venir la force et l'initiative. C'est pour cela que c'est à lui que nous adressons notre travail.

OBSERVATIONS SUR LE RAPPORT

SUR

LE RÉGIME DU COMMERCE DE LA BOULANGERIE,

Sur le commerce des Grains, sur les Approvisionnements,

PAR

Par M. DARBLAY jeune,

Au nom et comme rapporteur de la Commission déléguée par le Conseil général de l'Agriculture, des Manufactures et de Commerce, convoquée par l'État en avril dernier, siégeant au Luxembourg.

Séance du 7 mai. (Voir le MONITEUR *du mercredi 8 mai.)*

Nous croyons remplir un devoir en reproduisant ici un document précieux sur le sujet que nous venons de traiter et qui émane d'un conseil *supérieur*.

M. le Ministre de l'agriculture et du commerce, dans sa sollicitude pour les intérêts des consommateurs, et sur de nombreuses plaintes adressées à son administration, et des pétitions fortement motivées, renvoyées à son examen par les Assemblées constituante et législative ; après des discussions sérieuses et approfondies, a cru devoir déférer au Conseil général de l'agriculture, des manufactures et du commerce, appelé à formuler des vœux pour le bonheur et la prospérité de la France, l'examen des questions si importantes de la boulangerie, de ses rapports avec l'agriculture, de son influence sur la production et la consommation, des approvisionnements et sur le commerce des grains.

La commission nommée par le Conseil général pour l'examen de ces questions était de quinze membres, dont M. de Rothschild fils, secrétaire, et M. Darblay jeune, rapporteur. Elle a fait son travail et déposé son rapport, qui se trouve inséré au *Moniteur* du 8 mai. Ce document n'a pu être soumis à une discussion générale, parce qu'il n'est pas arrivé à temps, mais il a été recueilli comme pièce authentique, ayant une valeur considérable. C'est pour cela que nous l'avons examiné, médité avec une grande attention.

Les conclusions de ce rapport, fort étendu, sont diamétralement opposées à celles que nous avons posées et développées; elles ferment toute issue au progrès, aux améliorations, sous quelque forme infime qu'ils se prétent, trouvant qu'au lieu d'avancer, mieux vaudrait reculer; que loin de concéder, il faudrait comprimer.

Tel est, au fond, l'esprit du rapport.

Nous avons vainement cherché les motifs déterminants, les raisons puissantes qui ont fait prévaloir ces idées. Les bases sérieuses sur lesquelles elles reposent nous ont complétement échappé. C'est une conclusion non motivée, fondée sur la force d'une action ou d'une existence bien ancienne, d'usages et de combinaisons qui ont fait rouler le char jusqu'à ce jour, mais qui n'indiquent nullement comment et à quels dépens il a dû son mouvement, la part de bienfaits et de services qu'il a répandus dans sa marche, et les titres qui le rendent si fortement respectable et indispensable à la postérité.

M. le Ministre de l'agriculture et du commerce dit à ce Conseil général :

1° La boulangerie, telle qu'elle est constituée, à Paris surtout, soulève de nombreuses plaintes.

2° L'agriculture souffre et dépérit.

3° La consommation augmente.

4° La production est stationnaire.

5° Le commerce des grains réclame de nombreuses modifications.

6° La prévoyance et la prudence nous demandent des approvisionnements.

M. le rapporteur, organe de la Commission, répond à M. le Ministre

Sur la 1re question. La boulangerie de Paris résume en quelque sorte, et à quelques petites exceptions, tout ce qui s'est fait à cet égard dans toute la France ; elle est fortement constituée. Ne touchez pas à boulangerie de Paris; car, du moment où vous l'abandonneriez, il y aurait danger. Au contraire, protégez-la plus encore ; étendez ses bases sur toute la France.

Sur la 2e question. La boulangerie de Paris est assujettie à un dépôt de farines. Etendez cette obligation de dépôt à toute la boulangerie de France, et l'agriculture sera sauvée; elle prospérera.

Sur la 3e question. La consommation aura toute satisfaction dès lors que vous aurez d'autant plus fortifié la boulangerie et que vous aurez grossi la somme de ses priviléges.

Sur la 4e question. L'organisation de la boulangerie

de Paris, étendue à toute la France, assurera la production.

Sur la 5e question. Le commerce des grains ira parfaitement et ne soulèvera aucune objection dès lors que vous l'aurez appuyé sur l'organisation de la boulangerie de Paris, rendue obligatoire pour toute la France.

Sur la 6e question. La boulangerie ainsi constituée formera une réserve immense.

Solution. 1° La boulangerie de Paris;
2° La boulangerie de Paris;
3° La boulangerie de Paris;
4° La boulangerie de Paris;
5° La boulangerie de Paris;
6° La boulangerie de Paris;

Remède universel, préservatif contre tous dangers, etc. Malgré nous, nous nous rappelons ce personnage bien connu autrefois et qui répondait à chaque question : *Prenez mon ours ; prenez-mon.... prenez-mon.....*

Telle est, selon nous, la partie la plus concluante du rapport.

Si on veut bien se reporter à ce que nous disons sur la boulangerie, aux détails que nous en donnons, on appréciera la sagesse de ces conclusions.

M. le rapporteur ne veut pas de dépôts de pains. Ils seraient et ils sont, là où ils existent, bien avantageux, bien commodes à la consommation; mais la boulangerie ne saurait les tolérer.

Faites-lui cette concession, et demain elle exigera autre chose.

M. le rapporteur assure que la boulangerie libre serait une cause de perturbation, de famine, de chèreté, etc., etc.

Sans doute, M. le rapporteur a oublié l'historique de nos grandes industries, de leur développement, des services qu'elles ont rendus, des baisses de prix qu'elles accordent tous les jours à la consommation depuis qu'elles ont été affranchies et qu'elles ont pu grandir à l'air de la liberté.

M. le rapporteur a-t-il jamais entendu dire que l'on ait manqué de souliers, de sabots, de chapeaux, de bonnets de coton ou de toute autre chose, parce qu'il n'y avait pas pour cela protection et priviléges?

M. le rapporteur redoute les grands établissements, l'agglomération des capitaux, le concours réuni de tous pour former des boulangeries vraiment utiles et populaires.

Nous le comprenons, et nous ne disons pas pourquoi.

Mais nous demandons à M. le rapporteur si, depuis que Paris a confié son éclairage à quelques usines, il a jamais manqué de luminaires, s'il a été amené à regretter les lampions et les tristes lanternes d'autrefois, qui faisaient de ses quartiers les plus beaux des endroits dangereux;

Si, depuis que nous confions notre vie, nos fortunes, nos approvisionnements, nos correspondances, à des chemins de fer, il nous est arrivé d'avoir un service interrompu, de plus grands et nombreux sinistres à déplorer, des privations à subir, et si nous devons rétablir les moyens de communication d'autrefois et détruire les chemins de fer !

Mais pour rester dans la question et pour mieux faire comprendre à M. le rapporteur l'importance des résultats que peuvent atteindre les grandes conceptions, nous allons le prier de se transporter à Corbeil, et d'y visiter les moulins dirigés autrefois par MM. Darblay frères, maintenant par M. Darblay jeune; il y verra une administration considérable ayant toute la force que donnent l'intelligence et l'activité appuyées sur le capital; on lui dira que cette famille Darblay jeune fait mouvoir tous les jours et alimente plus de *deux cents* paires de meules, que ses produits sont très-recherchés, et ont une supériorité sur ceux des autres usines; et s'il remonte à la source de cette grande conception, il saura que c'est à un capital considérable engagé sur la confiance, l'attraction, que sont dus ces résultats, qui n'existeraient pas si la confiance et le capital avaient fait défaut.

M. le rapporteur se plaint de l'ingratitude de la nation qui conserve des préjugés contre la spéculation, qui accuse d'accaparements ses mouvements, et qui méconnaît ses services. — Nous avons dit que l'argent a fait payer bien chèrement ses services, et qu'il pourrait intervenir tout différemment dans la consommation.

M. le rapporteur trouve très-bonne et très-utile la taxe du pain; nous disons que c'est un non sens, une source d'abus.

Vous dites, monsieur le Rapporteur, que l'agriculture serait fortement secourue et n'aurait plus rien à demander du moment où vous aurez imposé à tous les boulangers de France l'obligation d'avoir *à l'avance* quelques sacs de farine.

Nous vous disons, nous, que l'agriculture ne ressentirait de cette mesure (du reste arbitraire) aucun soulagement; car elle ne vendrait pas un hectolitre de blé de plus; car elle n'aurait pas un écu de plus au bout de l'année; car la boulangerie des provinces, telle qu'elle existe, a des approvisionnements et des réserves, sans lesquels elle ne saurait exister. C'est là une loi, une nécessité commune à toute industrie, à tout commerce.

Pour faire une paire de souliers, il faut au cordonnier du cuir, et ce cuir, il se le procure en achetant tout ou un quartier de peau ; alors qu'il lui faut 10 clous, il en achète 100, 1,000, et de même de tout.

Ah ! monsieur le Rapporteur, vous avez pour la boulangerie de Paris un grand attachement ; cela est bien ; mais que cela ne vous aveugle pas ! !

Vous avez été appelé à traiter une grande question, et vous ne l'avez examinée que sur une face ; cependant il y a toujours le revers de la médaille : veuillez donc la retourner et voir.

Vous dites aussi que la ville de Paris et l'administration des hospices, qui autrefois avaient l'habitude de tenir des blés en réserve, ont dû y renoncer, à cause des frais et des pertes que causaient ces approvisionnements ; mais vous ne dites pas pourquoi ces frais et ces pertes étaient si considérables ; et vous conseillez comme seul moyen d'approvisionnements et de réserves, l'entassement de quelques milliers de sacs de farine dans des greniers ; et cependant vous savez que, tout autant que les blés, les farines exigent de grands frais d'entretien, et que bien plus vite que les blés elles se détériorent, se corrompent. Nous vous prions, monsieur le Rapporteur, de bien vous rendre compte des moyens que nous proposons pour la conservation des grains, et nous remarquons avec satisfaction que, sans y penser, vous en avez fait ressortir mieux que nous l'utilité et les avantages.

En terminant nous dirons :

« Si la France dans les grandes questions économi-
» ques, et par conséquent politiques, qu'elle est appelée
» à résoudre, était dirigée par de semblables conseillers,
» et si les pouvoirs, par un sentiment de faiblesse et de
» déférence, mais jamais de conviction, leur prêtaient
» concours et appui, nous dirions alors avec tristesse :
» Malheureuse France! Malheureux gouvernement! »

PARIS. — IMPRIMERIE CENTRALE DE NAPOLÉON CHAIX ET Cie, RUE BERGÈRE, 20.

www.ingramcontent.com/pod-product-compliance
Ingram Content Group UK Ltd.
Pitfield, Milton Keynes, MK11 3LW, UK
UKHW022129190726
13855UKWH00003B/1084